面向新工科普通高等教育系列教材

MSP430 单片机原理与应用

主　编　倪　雪

副主编　贾永兴

参　编　陈　斌　杨　宇

机械工业出版社

本书以德州仪器公司的 MSP430G2 系列单片机为例，详细介绍了 MSP430 单片机的结构特点和常用模块的基本工作原理与应用。全书共 9 章，包括 MSP430 单片机介绍、MSP430 单片机 C 语言基础、I/O 端口、中断系统、定时器、串行通信模块、比较器模块、模数转换，以及 MSP430 单片机应用设计与仿真。本书包含一个附录，提供了常用逻辑符号对照表。本书结合当前流行的单片机仿真软件 Proteus，提供了大量应用仿真实例，引领读者逐步提高单片机软硬件综合设计水平。

本书可作为高等院校电子、通信、自动化、计算机等相关专业的单片机课程的教材，也可作为全国大学生电子设计竞赛中单片机应用的培训教材。

本书配有仿真实例等资源，需要的教师可登录 http://www.cmpedu.com 并免费注册，审核通过后下载，或联系编辑索取（微信：13146070618，电话：010-88379739）。

图书在版编目（CIP）数据

MSP430 单片机原理与应用 / 倪雪主编. —北京：机械工业出版社，2022.12 （2024.7 重印）
面向新工科普通高等教育系列教材
ISBN 978-7-111-72444-5

Ⅰ.①M… Ⅱ.①倪… Ⅲ.①单片微型计算机-高等学校-教材 Ⅳ.①TP368.1

中国国家版本馆 CIP 数据核字（2023）第 010792 号

机械工业出版社（北京市百万庄大街 22 号 邮政编码 100037）
策划编辑：秦 菲　　　　　　责任编辑：秦 菲
责任校对：张晓蓉 张 薇　　　责任印制：刘 媛
涿州市般润文化传播有限公司印刷

2024 年 7 月第 1 版·第 2 次印刷
184mm×260mm·13.75 印张·340 千字
标准书号：ISBN 978-7-111-72444-5
定价：59.00 元

电话服务　　　　　　　　　网络服务
客服电话：010-88361066　　机 工 官 网：www.cmpbook.com
　　　　　010-88379833　　机 工 官 博：weibo.com/cmp1952
　　　　　010-68326294　　金 书 网：www.golden-book.com
封底无防伪标均为盗版　机工教育服务网：www.cmpedu.com

前　言

随着电子产品、设备、系统的智能化，以单片机为核心的嵌入式系统得到了广泛应用。掌握单片机原理与应用技术不但具有实际应用意义，而且对理解和掌握计算机其他应用技术也有重要作用。目前，众多高校的计算机和电子信息类专业都开设了单片机与嵌入式方面的课程。单片机系统的应用实践性很强，只有通过大量的实验和实践，才能掌握这门技术。

MSP430 单片机功耗低，片内资源丰富，性能优良，应用广泛。已出版的介绍 MSP430 单片机原理的教材并不少见，而在实验教学上，由于教学要求、内容难度和实验设备不同，与理论相配套的实验教材却不多。为此，本书以单片机系统仿真平台 Proteus 为依托，以 MSP430G2 系列单片机为主要学习对象，在介绍 MSP430 单片机的硬件结构、C 语言基础以及各个模块应用的基础上，结合仿真实例展开教学。

本书目标明确，内容由浅入深、可操作性强。

本书分为 9 章，每章主要内容如下。

第 1 章为 MSP430 单片机介绍，在介绍单片机概念、MSP430 单片机特点和应用的基础之上，还讲解了 MSP430 单片机（以 MSP430G2553 为例）的硬件结构、Proteus 的使用，提供了 Proteus 入门实例——闪烁的 LED 灯。

第 2 章为 MSP430 单片机 C 语言基础，主要介绍 C 语言变量、数据类型、程序结构、函数定义与调用、数组和指针等基础知识，提供了程序设计 Proteus 仿真实验——花样流水灯。除此之外，本章简要介绍了集成开发环境 IAR for MSP430。

第 3 章主要介绍 MSP430 单片机 I/O 端口的特点、电气特性和相关寄存器，重点介绍 I/O 端口的应用，包括数码管显示和键盘输入，并结合 Proteus 仿真实验介绍其工作原理和程序设计方法。

第 4 章在介绍中断系统基本概念的基础上，主要讲解 MSP430 单片机的中断源、中断处理过程和中断服务函数，并结合 Proteus 仿真实验介绍中断系统的应用。

第 5 章重点讲解定时器 A 和"看门狗"定时器的结构与原理，并结合 Proteus 仿真实验介绍定时器在单片机系统中的应用。

第 6 章主要介绍串行通信的基本概念，以及 USCI 通信模块的结构、原理和功能，重点讲述 UART、I^2C 和 SPI 通信方式及使用，并结合 Proteus 仿真实验介绍 USCI 通信模块在单片机系统中的应用。

第 7 章介绍比较器 A+模块的结构、特性、相关寄存器，并结合 Proteus 仿真实验介绍比较器 A+模块在单片机系统中的应用。

第 8 章在介绍模数转换的基础上，重点介绍 ADC10 模块的结构和特点，以及 ADC10 模块相关寄存器的设置和工作模式，并结合 Proteus 仿真实验介绍 ADC10 模块在单片机系统中的应用。

第 9 章结合典型的单片机综合应用实例，详细介绍硬件设计和软件设计方法，旨在进一步提高读者的软硬件设计能力。

本书由倪雪、贾永兴、陈斌、杨宇编写，全书由贾永兴负责统稿和校对。杨宇编写第1、2 章，倪雪编写第 3～6 章，贾永兴编写 7、8 章，陈斌编写第 9 章。广州风标有限责任公司汪伟捷对本书 Proteus 仿真实验的编写给予了极大的支持，在此，表示衷心感谢！

由于编者水平有限，因此对单片机内容的把握不一定全面，例程的筛选和实现方法仍值得进一步推敲，有的还需要在教学实践中进一步检验和完善。若书中存在不妥之处，敬请广大读者批评指正。

编　者

目　录

第1章 MSP430 单片机介绍

在种类繁多的单片机中，MSP430 系列单片机以其价格低廉、片内资源丰富、超低功耗、高集成度、高精度等优势，已成为单片机家族中的佼佼者，深受广大嵌入式技术人员的青睐。为了让读者对 MSP430 系列单片机有一个初步认识，本章首先介绍单片机的发展以及 MSP430 系列单片机的特点与应用；然后以 MSP430 子系列中的 MSP430G2553 为例，介绍 MSP430 系列单片机的硬件结构组成；最后通过 Proteus 软件平台介绍单片机仿真技术。

1.1 MSP430 单片机概述

1.1.1 单片机及其发展

单片机是单片微型计算机的简称，又称为微控制器单元（Micro Controller Unit，MCU），它将中央处理器、控制器、存储器、I/O 接口等计算机的主要功能部件集成到一块芯片上，构成了一个微型计算机，即一块芯片就是一台计算机。

从 20 世纪 70 年代世界上出现第一台 4 位单片机开始，单片机就显现出强大的生命力，并被广泛应用于工业控制、数据采集、智能仪器、机电一体化、家用电器等人类生活与工作的各个领域。

目前，常用的单片机有 8051 系列单片机、STC 系列单片机、AVR 系列单片机、MSP430 系列单片机、PIC 系列单片机、STM32 系列单片机、ARM 系列嵌入式单片机等。不同类型的单片机有着不同的硬件特性和软件特征。

MSP430 系列单片机是 1996 年由德州仪器（Texas Instruments，TI）公司推出的。从 1996 年到 2000 年年初，TI 公司先后推出了 31x、32x、33x 等几个系列，这些系列具有 LCD 驱动模块，对提高系统的集成度较为有利。每一系列有 ROM 型（C）、OTP 型（P）和 EPROM 型（E）等芯片。EPROM 型芯片的价格昂贵，运行环境温度范围窄，主要用于样机开发；OTP 型芯片适用于小批量生产的产品；ROM 型芯片适用于大批量生产的产品。

2000 年，TI 公司推出了 11x/11x1 系列。这个系列采用 20 引脚封装，内存容量、片上功能和 I/O 引脚数比较少，但是价格低廉。

这个时期的 MPS430 系列单片机已经显露出了超低功耗等一系列技术特点，但也有不尽如人意之处。例如，对于片内串行通信接口、硬件乘法器、足够的 I/O 引脚等，只有 33x 系列才具备。33x 系列价格较高，适合较为复杂的应用系统。当用户设计需要更多考虑成本时，33x 并不一定是最适合的。而对于片内高精度 A/D 转换器，只有 32x 系列才有。

2000 年 7 月，TI 公司推出了 F13x/F14x 系列；2001 年 7 月～2002 年，又相继推出 F41x、F43x、F44x 系列，这些系列都是 Flash 型单片机。其中，F41x 系列单片机有 48 个 I/O

口，96 段 LCD 驱动。F43x、F44x 系列在 13x 和 14x 系列的基础上，增加了液晶驱动器，将驱动 LCD 的段数由 3xx 系列的最多 120 段增加到 160 段，并且相应地调整了显示存储器在存储区内的地址，为以后的拓展提供了空间。

1.1.2　MSP430 单片机特点

MSP430 系列单片机发展到现在已有多个系列共 500 多种型号。本书以 MSP430G2553 单片机为例进行编写。

MSP430 以低功耗而闻名，其低功耗水平在业界领先，非常适合电池供电等有低功耗要求的领域。

MSP430 单片机的主要特点如下。

1．超低功耗

MSP430 系列单片机具有超低功耗特性，这得益于它在降低芯片的电源电压和灵活而可控的运行时钟方面都有其独到之处。首先，其电源电压采用 1.8～3.6V 的低电压，这使得它在 1MHz 的时钟下运行时，功耗低至 165μA 左右，RAM 保持模式下的最低功耗只有 0.1μA。其次，MSP430 系列单片机具有独特的时钟系统设计，其 CPU 和各功能所需的时钟是由系统时钟产生的，并且这些时钟的开启和停止受指令的控制，从而实现时钟源的灵活切换、CPU 运行的调速，协调了功耗与性能的关系。

2．强大的运算处理能力

MSP430 系列单片机能在 25MHz 晶振的驱动下，实现 40ns 的指令周期。16 位的数据宽度、40ns 的指令周期以及多功能的硬件乘法器（能实现乘加运算）相配合，能实现数字信号处理的某些算法（如 DTMF、FFT 等）。MSP430 系列单片机是一个 16 位的单片机，采用了精简指令集（RISC）结构，具有丰富的寻址方式（7 种源操作数寻址、4 种目的操作数寻址）、简洁的 27 条内核指令以及大量的模拟指令。其大量的寄存器和片内数据存储器都可参与多种运算，它还有高效的查表处理指令。

3．高性能模拟技术和丰富的片内外设

MSP430 系列单片机是典型的"混合信号处理器"，其各系列都集成了较丰富的片内外设，它们分别是"看门狗"（WDT）、模拟比较器 A、定时器 A（Timer_A）、定时器 B（Timer_B）、硬件乘法器、串口（USART）、I^2C 总线、液晶驱动器、10 位/12 位/14 位 ADC、12 位 DAC、直接数据存取（DMA）、I/O 端口、基本定时器（Basic Timer）、实时时钟（RTC）和 USB 控制器等若干外围模块的不同组合。MSP430 系列单片机的这些片内外设缩短了开发流程，节约了开发成本，为系统的单片机解决方案提供了极大的便利。

4．系统工作稳定

MSP430 系列单片机改进了"看门狗"、时钟、电源管理等片内外设，以保证它稳定工作。系统上电复位后，首先由数字控制振荡器（DCO）启动 CPU，保证晶体振荡器在稳定的时间范围内起振；然后通过设置适当的寄存器来确定最后的系统时钟频率。若晶体振荡器在用于 CPU 时钟 MCLK 时发生故障，DCO 就会自动启动，以保证系统正常运行。另外，MSP430 系列单片机集成的"看门狗"定时器可配置为"看门狗"模式，若单片机"死"机，则能自动重启。

5．灵活高效的开发环境

MSP430 系列单片机分为 3 种类型：OPT 型、Flash 型和 ROM 型，其中 Flash 型是国内选用的主流。不同类型器件的开发手段不同，对于 OPT 型和 ROM 型器件，先使用仿真器开发，再烧写或掩膜芯片。对于 Flash 型，因其片内有 JTAG 调试接口，所以有较为方便的开发调试环境。它还有可电擦写的 Flash 存储器，因此采用先由 JTAG 接口下载程序到 Flash 内，再通过 JTAG 接口控制程序的运行，由 JTAG 接口读取片内信息供设计者调试使用的方法进行开发。这种方式只需要一台 PC 和一个 JTAG 调试器，而不需要专用仿真器和编程器，实现了在线编程和仿真，使得开发工具的使用变得简单、方便。

1.1.3　MSP430 单片机应用

MSP430 系列单片机以其超低功耗、性能卓越和性价比高等优势，深受广大单片机开发者的青睐，在越来越多的行业和领域中得到了广泛的应用。目前，其应用主要集中在以下 6 个领域。

1．计算机网络通信领域

MSP430 系列单片机具有通信模块，且配有 UART、SPI、I^{2}C、CAN 等主流通信接口，因此，该系列单片机在计算机网络通信领域的应用主要集中在通信接口设计方面，如 CC430 通过 MSP430 系列单片机和领先的低功耗射频 IC 的结合，实现更加灵活、智能的低功耗射频应用。

2．仪器仪表领域

MSP430 系列单片机在智能仪器仪表设备中也有着较为广泛的应用。首先，由于智能仪器仪表的技术升级，对其硬件的智能化程度要求越来越高，因此单片机被大量应用其中。其次，MSP430 系列单片机的超低功耗优势，可保证仪表具备出色的对数据资料的计算与分析能力。酒精测试仪是 MSP430 系列单片机的典型应用之一，它通过单片机测试被测者呼出气体中的酒精含量，并实时显示测量结果，大大方便了酒精检测工作。此外，基于 MSP430 系列单片机的仪器仪表设备还表现出了明显的多样性。

3．消费类电子产品领域

日常生活智能电子产品的兴起为单片机的发展提供了更加广阔的空间。MSP430 系列单片机集成了各种片内外设，如 GPIO、12 位/14 位 ADC、定时器、比较器等，开发人员可在此基础上开发出丰富的符合消费者需求的电子产品。尤其是 MSP430 系列单片机实现的电容式触控是目前消费电子产品理想的触摸控制设计之一，它利用 MSP430 系列单片机 GPIO、定时器和比较器组成张弛振荡器形式的电容触摸传感器，响应速度更快、灵敏度更高、功耗更低。

4．便携式医疗设备领域

医疗领域是一个特殊的领域，它对单片机有着特殊的要求。近年来，便携性成为医疗设备的一种发展趋势，MSP430 系列单片机的引入进一步降低了设计的复杂度和缩短了产品开发的周期，扩大了单片机在便携式医疗设备中的使用范围，如自动体外除颤器、体温计、血压计、血糖仪、雾化器和制氧机等。

5．工业控制领域

单片机以其控制的实时性和准确性等优势，在工业控制领域应用广泛。利用单片机构成各种简单的工业控制系统、自适应控制系统、数据采集系统等，可达到测量与控制的目的。

6．安防系统领域

随着节能降耗问题的日益凸显，安防系统中的设备正在寻求更为节能的方式。低功耗与电池供电安防系统是目前市场的发展方向。MSP430 系列单片机采用的超低功耗和高集成度外设的独特组合成为该领域产品的理想选择。

1.2 MSP430G2553 硬件结构组成

1.2.1 MSP430G2553 硬件结构和外部引脚

MSP430G2553 单片机的内部硬件结构如图 1-1 所示，它具有丰富的外设，主要包括 16 位的 RISC CPU、16KB Flash、512B RAM、定时器、24 个支持电容式触摸感测的 I/O 口、10 位 A/D 转换器、串行通信模块等。

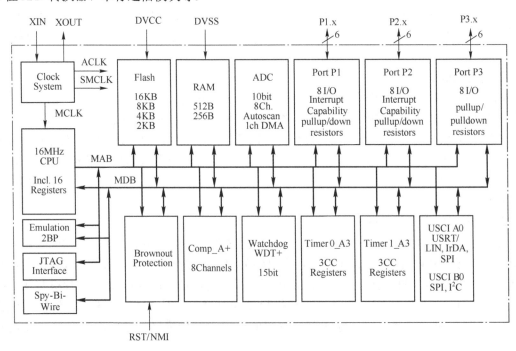

图 1-1　MSP430G2553 单片机的内部硬件结构图

MSP430G2553 单片机采用 32 引脚四方扁平无引线封装（Quad Flat Non-leaded package，QFN），如图 1-2 所示。

MSP430G2553 单片机共有 32 个外部引脚，其中多数引脚为多功能复用引脚，部分引脚定义如表 1-1 所示。

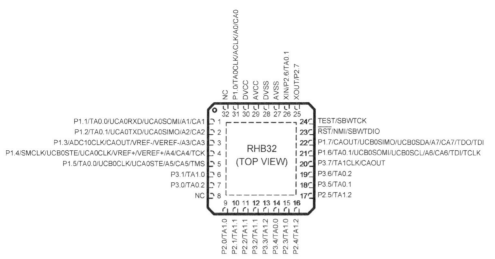

图 1-2　MSP430G2553 单片机的封装图

表 1-1　引脚定义

引脚名称	编号	输入/输出方式	功能说明
P1.0 TA0CLK ACLK A0 CA0	31	I/O	通用型数字 I/O 引脚 Timer0_A 时钟信号 TACLK 输入 ACLK 信号输出 ADC10 模拟输入 A0 Comparator_A+，CA0 输入
P1.1 TA0.0 UCA0RXD UCA0SOMI A1 CA1	1	I/O	通用型数字 I/O 引脚 Timer0_A，捕捉：CCI0A 输入，比较：Out0 输出/BSL 发送 USCI_A0 UART 模式：接收数据输入 USCI_A0 SPI 模式：从器件数据输出/主器件数据输入 ADC10 模拟输入 A1 Comparator_A+，CA1 输入
P1.2 TA0.1 UCA0TXD UCA0SIMO A2 CA2	2	I/O	通用型数字 I/O 引脚 Timer0_A，捕获：CCI1A 输入，比较：Out1 输出 USCI_A0 UART 模式：发送数据输出 USCI_A0 SPI 模式：从器件数据输入/主器件数据输出 ADC10 模拟输入 A2 Comparator_A+，CA2 输入
P1.3 ADC10CLK CAOUT VREF-/VEREF- A3 CA3	3	I/O	通用型数字 I/O 引脚 ADC10，转换时钟输出 Comparator_A+，输出 ADC10 负基准电压 ADC10 模拟输入 A3 Comparator_A+，CA3 输入
P1.4 SMCLK UCB0STE UCA0CLK VREF+/VEREF+ A4 CA4 TCK	4	I/O	通用型数字 I/O 引脚 SMCLK 信号输出 USCI_B0 从器件发送使能 USCI_A0 时钟输入/输出 ADC10 正基准电压 ADC10 模拟输入 A4 Comparator_A+，CA4 输入 JTAG 测试时钟，用于器件编程及测试的输入端子
P1.5 TA0.0 UCB0CLK UCA0STE A5 CA5 TMS	5	I/O	通用型数字 I/O 引脚 Timer0_A，比较：Out0 输出/ BSL 接收 USCI_B0 时钟输入/输出 USCI_A0 从器件发送使能 ADC10 模拟输入 A5 Comparator_A+，CA5 输入 JTAG 测试模式选择，用于器件编程及测试的输入端

（续）

引脚名称	编号	输入/输出方式	功能说明
P1.6 TA0.1 UCB0SOMI UCB0SCL A6 CA6 TDI/TCLK	21	I/O	通用型数字 I/O 引脚 Timer0_A，比较：Out1 输出 USCI_B0 SPI 模式：从器件输出/主器件输入 USCI_B0 I²C 模式：SCL I²C 时钟 ADC10 模拟输入 A6 Comparator_A+，CA6 输入 编程及测试期间的 JTAG 测试数据输入或测试时钟输入
P1.7 CAOUT UCB0SIMO UCB0SDA A7 CA7 TDO/TDI	22	I/O	通用型数字 I/O 引脚 Comparator_A+，输出 USCI_B0 SPI 模式：从器件输入/主器件输出 USCI_B0 I²C 模式：SDA I²C 数据 ADC10 模拟输入 A7 Comparator_A+，CA7 输入 编程及测试期间的 JTAG 测试数据输出端子或测试数据输入
P2.0 TA1.0	9	I/O	通用型数字 I/O 引脚 Timer1_A，捕获：CCI0A 输入，比较：Out0 输出
P2.1 TA1.1	10	I/O	通用型数字 I/O 引脚 Timer1_A，捕获：CCI1A 输入，比较：Out1 输出
P2.2 TA1.1	11	I/O	通用型数字 I/O 引脚 Timer1_A，捕获：CCI1B 输入，比较：Out1 输出
P2.3 TA1.0	15	I/O	通用型数字 I/O 引脚 Timer1_A，捕获：CCI0B 输入，比较：Out0 输出
P2.4 TA1.2	16	I/O	通用型数字 I/O 引脚 Timer1_A，捕获：CCI2A 输入，比较：Out2 输出
P2.5 TA1.2	17	I/O	通用型数字 I/O 引脚 Timer1_A，捕获：CCI2B 输入，比较：Out2 输出
XIN P2.6 TA0.1	26	I/O	晶体振荡器的输入端子 通用型数字 I/O 引脚 Timer0_A，比较：Out1 输出
XOUT P2.7	25	I/O	晶体振荡器的输出端子 通用型数字 I/O 引脚
P3.0 TA0.2	7	I/O	通用型数字 I/O 引脚 Timer1_A，捕获：CCI2B 输入，比较：Out2 输出
P3.1 TA1.0	6	I/O	通用型数字 I/O 引脚 Timer1_A，比较：Out0 输出
P3.2 TA1.1	12	I/O	通用型数字 I/O 引脚 Timer1_A，比较：Out1 输出
P3.3 TA1.2	13	I/O	通用型数字 I/O 引脚 Timer1_A，比较：Out2 输出
P3.4/ TA0.0	14	I/O	通用型数字 I/O 引脚 Timer0_A，比较：Out0 输出

1.2.2 MSP430G2553 中央处理器

中央处理器（CPU）是单片机的核心，实现了运算器和控制器的功能，其性能直接决定着单片机的处理能力。MSP430G2553 单片机的 CPU 结构与通用单片机基本相同，其 CPU 具有一个对应用高度透明的 16 位精简指令集（RISC）架构，主要包括 1 个 16 位的算术逻辑运算单元（ALU）、16 个寄存器、1 个指令单元。所有的操作（程序流指令除外）均作为寄存器操作与用于源操作数的 7 种寻址模式和用于目的操作数的 4 种寻址模式一起执行，这使得其运算能力很强，整体功耗却极低。图 1-3 是 MSP430G2553 单片机的 CPU 结构。

1. CPU 的特性

MSP430G2553 单片机的主要特性如下。

1）具有 27 条指令和 7 个寻址模式的 RISC。

2）有可使用每个寻址模式的每条指令的正交架构。

3）包括程序计数器、状态寄存器和栈指针的完全寄存器访问。

4）可实现单周期寄存器运行。

5）大尺寸 16 位寄存器文件，减少了到存储器的取指令。

6）16 位地址总线可实现直接访问整个存储器范围上的分支。

7）16 位数据总线可实现对字宽自变量的操作。

8）常量发生器提供最多六个立即值并减少了代码尺寸。

9）无须中间寄存器保持的直接存储器到存储器传输。

10）字和字节寻址与指令格式。

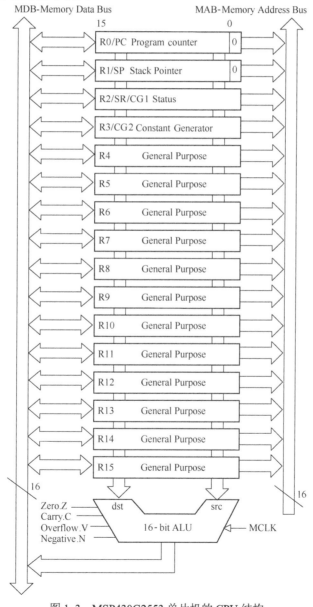

图 1-3　MSP430G2553 单片机的 CPU 结构

2. 寄存器

MSP430G2553 单片机 CPU 集成了 16 个寄存器：R0～R15，其中 R0～R3 专门用作程序计数器（PC）、栈指针（SP）、状态寄存器（SR）和常数发生器（CG1 和 CG2），其余的寄存器 R4～R15 为通用寄存器。

（1）程序计数器

16 位程序计数器指向将被执行的下一条指令。每个指令使用偶数数量的字节（2 字节、4 字节或 6 字节），并且 PC 相应递增。64KB 地址空间内的指令访问在字边界上执行，并且 PC 与偶数地址对齐。可用所有指令和寻址模式对 PC 寻址。

（2）栈指针

栈指针被 CPU 用来存储子例程调用和中断的返回地址。它使用先递减、后递增的机制。此外，SP 可由软件用所有指令和寻址模式来使用。SP 由用户初始化入 RAM，并且与偶数地址对齐，如图 1-4 所示。

例如：

MOV 2(SP),R6 ; Item I2 -> R6
MOV R7,0(SP) ;
Overwrite TOS with R7
PUSH　　#0123h;
Put 0123h onto TOS
POP R8;
R8 =0123h;

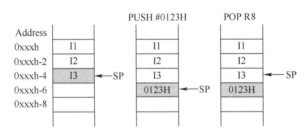

图 1-4　栈指针的使用

利用 PUSH 和 POP 指令将栈指针 SP 指向入栈和出栈数据的顺序，如图 1-5 所示。

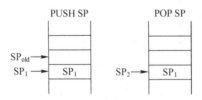

图 1-5　PUSH SP-POP SP 序列

（3）状态寄存器

状态寄存器在程序设计中有着重要意义，它反映了程序执行时控制器的当前状态，用于指示 ALU 的运算结果状态以及时钟状态等。通过判断状态寄存器的标志位，用户可控制程序的执行流向。

MSP430 单片机的状态寄存器有 16 位，一般常用其前 9 位，其说明如表 1-2 所示。

表 1-2　状态寄存器位的说明

位	说明
V	溢出位。若算术运算的结果溢出带符号变量的范围，则此位被置位
	对于 ADD(.B)M ADDC(.B)，有以下情况时置位：正+正=负，负+负=负，否则复位
	对于 SUB(.B)M SUBC(.B)M CMP(.B)，有以下情况时置位，负-正=负，负-负=负，否则复位
SCG0	系统时钟生成器 0。当置位时，若 DCOCLK 未用于 MCLK 或 SMCLK，则关闭 DCO（数控振荡器）dc 生成器
SCG1	系统时钟生成器 1。当置位时，关闭 SMCLK
OSCOFF	振荡器关闭。当置位时，若 LFXT1CLK 未用于 MCLK 或 SMCLK，则关闭 LFXT1 晶振
CPUOFF	CPU 关闭。当置位时，关闭 CPU
GIE	通用中断使能。当置位时，启用可屏蔽中断，当复位时，所有可屏蔽中断被禁用
N	负位。若一个字节或字运算的结果为负，则置位；若结果不为负，则清除（字运算是指 N 被设定为 15 位的值；字节运算是指 N 被设定为 7 位的值。）
Z	零位。若一个字节或字运算的结果为 0，则置位；若结果不为 0，则清除
C	进位位。若一个字节或字运算的结果产生 1 个进位，则置位；若没有出现进位，则清除

（4）常数发生器

常数发生器 CG1 和 CG2 生成的六个常用常数无须额外的 16 位代码字。用源寄存器寻址模式（AS）选择常数，硬件自动生成-1、0、1、2、4、8，如表 1-3 所示。

表 1-3　常数发生器

寄存器	寻址模式	常数	说明
CG1	00	—	寄存器模式
CG1	01	（0）	绝对地址模式
CG1	10	00004H	+4，位处理
CG1	11	00008H	+8，位处理
CG2	00	00000H	0，字处理
CG2	01	00001H	+1
CG2	10	00002H	+2，位处理
CG2	11	0FFFFH	-1，字处理

常数发生器的优势在于：

1）无须特殊指令；

2）对于六个常数，无须代码字；

3）无须代码存储器访问来检索常数。

如果六个常数中的一个被用作立即源操作数，则汇编程序自动使用常数发生器。寄存器 CG1 和 CG2 在常数模式中使用，不能被显式寻址，它们运行时只能作为数据源寄存器。

1.2.3　MSP430G2553 存储器结构

MSP430 系列单片机的存储器结构是冯·诺依曼结构，物理上是各自分离的存储区域，主要包括 Flash、RAM、程序存储器、外设模块寄存器和特殊功能寄存器等。

1. Flash

MSP430 系列单片机的 Flash（闪存存储器）的位、字节和字可寻址并且可编程。闪存存储器模块有一个控制编程和擦除操作的集成型控制器。该控制器有四个寄存器、一个时序发生器和一个电压生成器（为编程和擦除供电）。

MSP430 系列单片机的闪存存储器的特性主要包括：

1）生成内部编程电压；

2）位、字节或字可编程擦除；

3）超低功耗操作；

4）支持段擦除和批量擦除；

5）可通过 JTAG、ISP、BSL 等编程；

6）工作电压为 1.8~3.6V，编程电压为 2.7~3.6V。

2. RAM

MSP430 系列单片机的 RAM（随机存取存储器）始于存储器地址的 0200H，用于栈、变量和数据的保存，实现缓存和数据暂存的功能，又称数据存储器。例如，RAM 可保存数据运算过程中的结果、程序输入的变量等。MSP430 系列 Flash 型单片机还有信息存储器，它可作为数据存储器，因掉电后数据不会丢失，所以可用于保存重要数据。随着技术的发展，RAM 区对应的存储器除 RAM 以外，还可以有 FRAM 和 Flash，如 InfoFlash。

3. 程序存储器

MSP430 系列单片机的程序存储器可分为两种情况：中断向量区和用户程序区。中断向量区含有对应中断服务程序的 16 位入口地址。当 MSP430 单片机片内模块的中断请求被响应时，单片机首先保护断点，然后从中断向量表中查询对应中断服务程序的入口地址，最后执行相应的中断服务程序。用户程序代码区一般用来存放程序、常数或表格。MSP430 系列单片机的存储结构允许存放大的常数或表格，并且可以用所有的字和字节访问这些表。这一点为提高编程的灵活性和节省程序存储空间带来了好处。表处理可带来快速、清晰的编程风格，特别对于传感器应用，为了数据线性化和补偿，将传感器数据存入表中做表处理是一种很好的方法。

4. 外设模块寄存器

外设模块被映射到地址空间。从 0100H 到 01FFH 的地址空间为 16 位外设模块所保留。这些模块应该通过字指令访问。如果使用字节指令，那么只允许偶数地址，并且结果的高字节一直为 0。

从 010H 到 0FFH 的地址空间为 8 位外设模块所保留。用户应该使用字节指令访问这些模块。若使用字指令的字节读取访问，则会导致高字节内的无法预计的数据。如果字数据被写入一个字节模块，那么只有低字节被写入外设模块寄存器，高字节被忽略。

5. 特殊功能寄存器

在特殊功能寄存器（SFR）中，可配置某些外设功能。SFR 位于地址空间的低 16 个字节内，并且采用字节的形式。只能使用字节指令来访问 SFR。关于适用的 SFR 位，读者可参阅器件专用数据表。

1.2.4 时钟系统与低功耗模式

单片机能读取、分析和执行指令，这与时钟系统息息相关。根据电路的不同，单片机时钟的连接方式可分为内部时钟系统和外部时钟系统。

1. 时钟系统

MSP430 系列单片机有多种时钟输入源，主要包括基本低频时钟系统（LFXT1CLK）、锁频环高频时钟系统（XT2CLK）和片内数控振荡器时钟系统（DCOCLK）。这些时钟系统可在指令控制下打开与关闭。它们可单独使用一个晶振，也可以使用两个晶振，从而控制总体功耗。通过上述时钟输入源，MSP430 系列单片机可提供 3 种时钟信号：辅助时钟（ACLK）、系统时钟（MCLK）和子系统时钟（SMCLK），其中，ACLK 可通过软件选择其为低速外围模块的时钟信号；MCLK 主要用于 CPU 和系统；SMCLK 主要用于高速外设模块。

2. 低功耗模式

MSP430 系列单片机强调低功耗，主要实现超低功耗应用并且使用不同的工作模式，这些模式的控制位设置，以及时钟活动状态如表 1-4 所示。

MSP430 系列单片机通过状态寄存器内的 CPUOFF、OSCOFF、SCG0 和 SCG1 控制位可配置出 6 种工作模式：1 种运行工作模式和 5 种低功耗工作模式。MSP430 系列单片机利用控制位可以从运行工作模式进入低功耗工作模式，而通过中断又可从各种低功耗工作模式返回运行工作模式。

表 1-4　MSP430 系列单片机的工作模式、控制位以及时钟的状态

工作模式	控制位	CPU 及时钟
运行模式（AM）	SCG1=0，SCG0=0 OSCOFF=0，CPUOFF=0	CPU 被启用；MCLK、SMCLK 和 ACLK 有效
低功耗模式 0 （LPM0）	SCG1=0，SCG0=0 OSCOFF=0，CPUOFF=1	CPU 被禁用，MCLK 被禁用；SMCLK、ACLK 有效
低功耗模式 1 （LPM1）	SCG1=1，SCG0=0 OSCOFF=0，CPUOFF=1	CPU 被禁用，MCLK 被禁用；SMCLK、ACLK 有效； 若 DCO 未被激活，则其 dc 生成器被禁用，否则仍可用
低功耗模式 2 （LPM2）	SCG0=1，SCG1=0， OSCOFF=0，CPUOFF=1	CPU 被禁用，SMCLK、MCLK 被禁用；ACLK 有效； 若 DCO 未被激活，则其 dc 生成器被禁用，否则仍可用
低功耗模式 3 （LPM3）	SCG0=1，SCG1=1， OSCOFF=0，CPUOFF=1	CPU 被禁用，SMCLK、MCLK 被禁用；ACLK 有效； 若 DCO 未被激活，则其 dc 生成器被禁用，否则仍可用
低功耗模式 4 （LPM4）	SCG0=X，SCG1=X， OSCOFF=1，CPUOFF=1	CPU 被禁用，SMCLK、MCLK 和 ACLK 被禁用； 若 DCO 未被激活，则其 dc 生成器被禁用，否则仍可用

1.2.5　系统复位与电源管理

1. 系统复位

MSP430 系列单片机可通过加电复位（POR）信号和加电清零（PUC）信号完成系统复位，如图 1-6 所示。另外，当一个电源电压被应用或者从 V_{CC} 端口上移除时，欠压复位电路检测到低电源电压，触发一个 POR 信号来复位系统，即欠压复位。

POR 是该系列单片机的复位信号，可通过下列事件生成：

1）单片机上电；

2）当配置复位模式时，$\overline{RST/NMI}$ 引脚为低电平信号；

3）当 PORON=1 时，SVS 为低电平。

当 POR 信号被生成时，将同时生成 PUC 信号，但是 PUC 信号生成时，不会生成 POR 信号。以下事件可触发生成 PUC 信号：

1）当 POR 信号生成时；

2）在处于"看门狗"模式时，定时器时间到；

3）访问"看门狗"密钥"违法"；

4）访问闪存存储器安全密钥"违法"；

5）CPU 从 0000H 到 01FFH 的外设地址范围内获取指令。

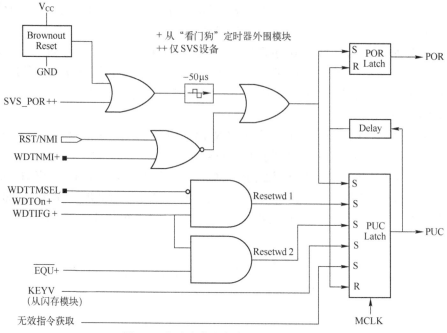

图 1-6　加电复位和加电清零电路原理图

2．电源管理

MSP430 系列单片机的电源管理是指通过电源电压监控器（Supply Voltage Supervisors，SVS）来检测电源电压或者外部电压，保证单片机系统能正常工作。SVS 的结构图如 1-7 所示。

SVS 的功能主要包括：

1）AVCC 监控；

2）POR 的可选生成；

3）软件可访问的 SVS 比较器输出；

4）低电压条件下被锁存和自由软件访问；

5）有 14 个可选择的阈值；

6）外部通道管理外部电压。

从图 1-7 所示的 SVS 结构图可见，在 SVS 检测 AVCC 电压是否降至一个用户设置的阈值电压时，可以配置 SVS 来置位一个标志或产生一个 POR 复位。当执行一个掉电复位后，SVS 被禁用，以减少单片机功耗。

在具体配置 SVS 时，VLDx 位被用于使能/禁用 SVS，并与 AVCC 比较选择 14 个阈值中的一个。当 VLDx=0 时，SVS 关闭；而当 VLDx>0 时，SVS 打开。SVSON 不能打开 SVS，但它反映了 SVS 的打开/关闭的状态，并且当 SVS 打开时，它可用于决定 SVS 的状态。当 VLDx=1111 时，外部 SVSIN 通道被选用。可把 SVSIN 上的电压和一个约为 1.2V 的内部电平相比较。

SVS 比较器的运行过程：当 AVCC 低于所选阈值，或外部电压降至 1.2V 以下时，则会出现一个低电压状态。任何低电压状态都会置位 SVSFG 位。PORON 位使能或禁用 SVS 的器件复位功能。如果 PORON=1, 那么，当 SVSFG 位被置位时，将会产生一个 POR。如果 PORON=0, 那么一个低电压状态置位 SVSFG, 但不会产生一个 POR, SVSFG 位被锁存。这将允许软件确定之前是否发生了一个低电压状态。SVSFG 位必须由软件复位。若 SVSFG 复位后，低电压状态仍然存在，那么立即被 SVS 再一次置位。

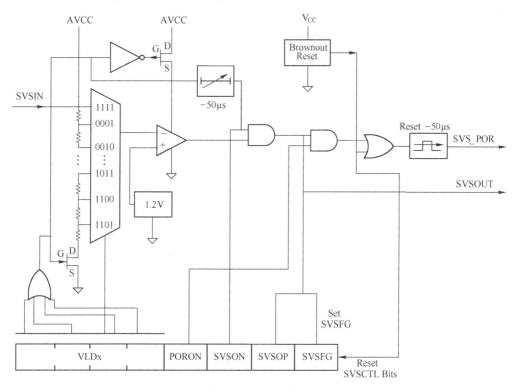

图 1-7 SVS 结构图

1.2.6 最小系统

单片机最小系统是指可以保证单片机工作的最简单系统，一般包括电源、晶振和复位电路等。

（1）电源

单片机正常工作所需的电力来自最小系统的电源。不同型号单片机的供电范围不同，目前主流单片机的电源包括 3.3V 和 5V。想要了解具体的供电电压范围，可查看单片机的数据手册。例如，MSP430G2553 单片机的供电电压范围是 1.8~3.6V, 一般使用 3.3V 电源，这也是 MSP430 系列单片机超低功耗特性的体现。若单片机供电电压范围低于或高于其电源电压范围，则易导致 MSP430G2553 单片机无法正常工作。特别是当电压高于 3.6V 时，单片机可能被烧坏。另外，若电源的正极 V_{CC} 和负极 GND 接反，那么也易造成单片机烧坏。

（2）晶振

晶振，又称晶体振荡器，它为单片机系统提供基准时钟信号。晶振提供的时钟频率越高，单片机运行速度越快。MSP430 系列单片机在 25MHz 晶振驱动下，实现 40ns 的指令周期。MSP430 系列单片机有多种时钟输入源，详见 1.2.4 节。

（3）复位电路

单片机的复位类似于计算机的重启。复位电路可使单片机系统中的程序从头开始运行。当单片机的复位引脚 RST 出现两个周期以上的复位电平时，单片机执行复位操作。常用的复位方式有上电复位和手动复位。上电复位是指电源 V_{CC} 通过电容对复位引脚 RST 施加高电平，同时，利用电阻使电容放电，使复位引脚 RST 降为低电平，实现单片机复位。手动复位是利用按钮，按下时，电源 V_{CC} 施加到复位引脚 RST，使其电位升高。

1.3 Proteus 的单片机仿真技术

Proteus 软件是英国 Labcenter Electronics 公司开发的 EDA（Electronic Design Automation，电子设计自动化）软件，它不但能实现模拟电路、数字电路和数模混合电路的设计与仿真功能，而且能实现微控制器和外设的软、硬件设计与仿真。Proteus 支持的主流微处理器模型和硬件平台有 8051/52、HC11、PIC、AVR、ARM、8086、MSP430、Cortex、DSP、Arduino、Raspberry Pi（树莓派）等。Proteus 提供丰富的外设接口器件，如 RAM、ROM、键盘、马达、LED、LCD、AD/DA、部分 SPI 器件、部分 I^2C 器件等。在编译方面，它支持 Keil、IAR 和 MPLAB 等多种编译器。该软件能够实现硬件电路仿真设计、软件（程序）设计，以及仿真、调试和 PCB 设计的无缝连接，是一款功能强大且完整的设计软件。用户在没有硬件设备的条件下，可以通过 Proteus 软件快速学习单片机系统的软硬件开发。

本书采用 Proteus 8 Professional 版本。Proteus 8 包括智能原理图输入系统（ISIS）、混合模式仿真（ProSPICE）、虚拟系统模型（VSM）、高级图表仿真（ASF）、可视化设计（VD）和高级布线编辑软件（ARES）等。其中，ISIS 用于绘制原理图并进行电路仿真，VSM 用于单片机与外设的软硬件设计、仿真和调试。

1.3.1 Proteus 仿真软件简介

双击计算机操作系统桌面上的"Proteus 8 Professional 图标"，或者先单击"开始"菜单，再选择"Proteus 8 Professional"文件夹，单击"Proteus 8 Professional"应用程序，进入软件主页，如图 1-8 所示。

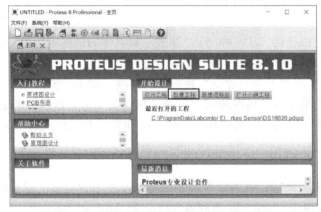

图 1-8　Proteus 8 Professional 软件主页

1. 新建项目

单击"开始设计"栏中的"新建工程"按钮,创建一个新的 Proteus 工程。在"新建项目向导"中,指定该工程的"名称"和保存"路径",如图 1-9 所示,单击下一步。

图 1-9　新建项目向导

勾选"从选中的模板中创建原理图"单选按钮,选择"DEFAULT"作为默认模板,如图 1-10 所示,单击下一步。

图 1-10　从选中的模板中创建原理图

先勾选"创建固件项目"单选按钮,再选择对应的仿真器系列、型号和编译器,这里选择 MSP430 系列、MSP430G2553 控制器和 GCC for MSP430 编译器(编译器默认没有配置,可单击"编译器…"按钮来下载安装),如图 1-11 所示,单击下一步,直至新建项目完成。

说明:若采用 IAR 软件进行程序开发与调试,则此处可以勾选"没有固件项目"单选按钮。

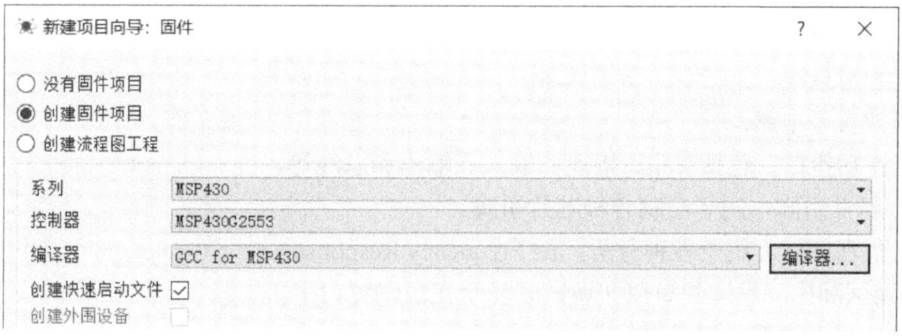

图 1-11　创建固件项目

2. 原理图设计界面

新建项目完成后，进入原理图设计界面，如图 1-12 所示。Proteus 8 Professional 的原理图设计界面包括标题栏、菜单栏、标准工具栏、专用工具栏、元器件选择图标按钮、库管理图标按钮、仿真工具栏、状态栏，以及三个窗口：预览窗口、元器件列表窗口和原理图编辑窗口。

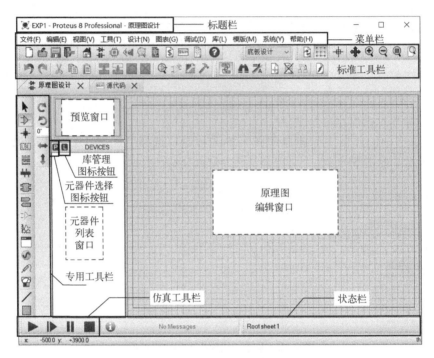

图 1-12　Proteus 8 Professional 原理图设计界面

专用工具栏为原理图的绘制提供了不同的操作工具，实现不同的功能。其中的图标按钮介绍如下。

：选中元器件，并对元器件进行相关操作（移动、修改参数等）。

：选取元器件，从元件列表区中选取元器件并放置到原理图编辑窗口。

：放置节点。

：放置标签，相当于网络标号。

：放置文本。

：绘制总线。

：放置子电路。

：终端接口，包括 V_{CC}、接地、输入、输出和总线等。

：器件引脚，用于绘制各种芯片引脚。

：仿真图标，用于各种分析，如 Frequency Response。

：调试弹出，框选的对象在调试时显示在源码窗口中。

：信号发生器，用于提供各种信号源。

：电压、电流探针，用于仿真时显示探测点的电压、电流。

: 虚拟仪表，提供各种虚拟测量仪器，如示波器、逻辑分析仪等。

: 画各种直线。

: 画各种弧线。

: 画各种圆。

: 画各种圆弧。

: 画各种多边形。

A : 添加文本。

S : 添加符号。

: 添加原点。

C : 按顺时针 90°旋转改变元器件的方向。

: 按逆时针 90°旋转改变元器件的方向。

0° : 显示元器件的旋转角度，顺时针为"–"，逆时针为"+"。

: 以 Y 轴为对称轴，以 180°水平翻转元器件。

: 以 X 轴为对称轴，以 180°垂直翻转元器件。

: 是仿真工具栏中的控制按钮，从左到右依次为：运行、单步运行、暂停、停止。

3．元器件的选取

Proteus 提供了用于虚拟仿真实验的丰富资源，包括 30 多个元件库、数千种元件，涉及数字和模拟，以及交流和直流等。

单击元器件选择图标按钮"P"或标准工具栏中的图标按钮"🔍"，进入"选取元器件"界面，如图 1-13 所示。

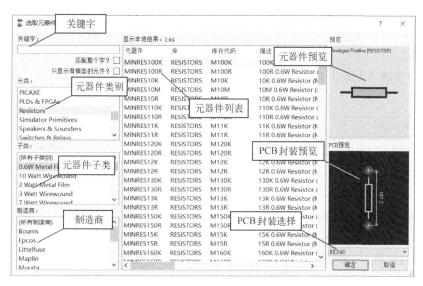

图 1-13 "选取元器件"界面

在选取元件时，可通过输入关键字查找，也可按照"元器件类别"→"元器件子类"→"制造商"路径查找，"元器件列表"区会显示符合条件的元器件。然后，按照封装形式，选择合适的元器件，单击"确定"按钮，即可完成元器件的选取。

1.3.2　Proteus 入门实例——闪烁的 LED 灯

【实验 1-1】　闪烁的 LED（发光二极管）灯。

实验要求：采用 MSP430G2553 单片机 I/O 端口控制实现单个 LED 灯闪烁。

实验平台：Proteus 8 仿真软件。

1．硬件电路设计

硬件电路如图 1-14 所示，其中 LED 驱动电路与 MSP430G2553 单片机的 P1.0 引脚相连。

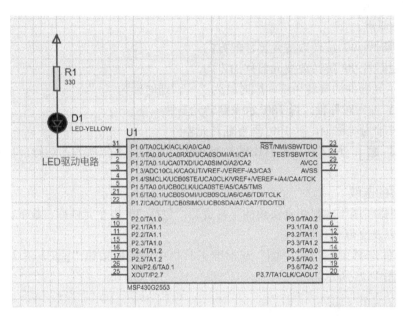

图 1-14　闪烁的 LED 灯——硬件电路

电路元器件清单见表 1-5。

表 1-5　电路元器件清单

元器件编号	元器件名称	说　　明
U1	MSP430G2553	MSP430 单片机
R1	RES	电阻
D1	LED-YELLOW	黄色 LED 灯

需要注意的是，实际 MSP430 单片机应用系统还应包括电源电路（3.3V）、时钟电路和复位电路（低电平复位）。在 Proteus 仿真中，电源和复位电路默认已连接。由于 MSP430G2553 内部一般有 RC 振荡电路为系统提供时钟源，而默认使用内部时钟源，因此无须外接时钟电路。

下面具体介绍如何在 Proteus 的原理图设计界面中完成硬件电路的绘制。

（1）添加元器件到元器件列表

1）单击元器件选择图标按钮，进入"选取元器件"界面，如图 1-15 所示；

2）在"关键字"栏中输入：MSP430G2553；

3）选中"显示本地结果"栏中相匹配的元器件；

4）双击选中元器件，将它添加至元器件列表窗口。按照步骤（2）～（4）完成 RES、LED-YELLOW 的添加。

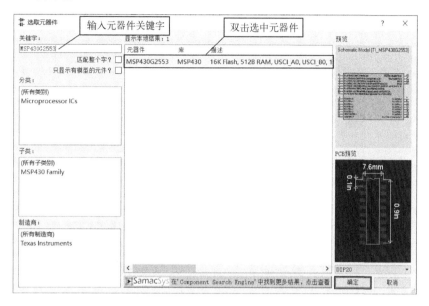

图 1-15　元器件选取操作

5）单击"确认"按钮，即可完成全部元器件的添加。

6）用户可在元器件列表窗口中查看添加的元器件。单击列表中的元器件，即可在预览窗口查看元器件的预览状态。如果需要调整元器件放置方向，那么可单击方向工具栏中的图标按钮进行调整，如图 1-16 所示。

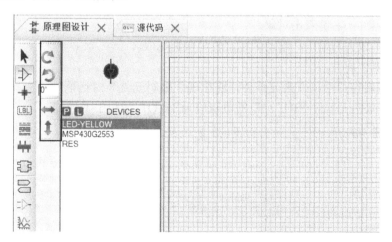

图 1-16　元器件列表及其预览

（2）将元器件放置于原理图编辑窗口

1）放置元器件。

选中元器件列表中的元器件，将鼠标箭头移至原理图编辑窗口，此时鼠标箭头变成笔状，单击鼠标左键并移动可选择元器件放置位置，再次单击左键，即可完成元器件的放置。

若需要连续放置同一个元器件，则只需要继续单击左键。

根据硬件电路设计要求，按上述步骤放置好 3 个元器件，如图 1-17 所示。

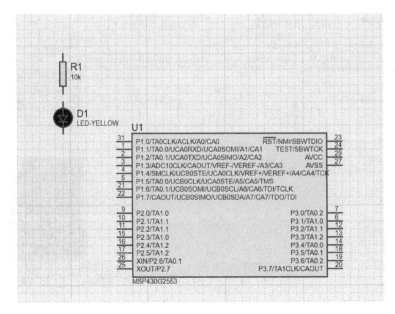

图 1-17　元器件放置

说明：

① 重新调整元器件位置：单击绘图工具栏中的图标按钮"➚"，单击左键选中对象（对象颜色变为红色），用鼠标拖动元器件，即可完成移位操作。

② 改变元器件方向：右击对象，在弹出的快捷菜单中选择相应的旋转选项。

③ 删除元器件：右键双击对象。

④ 原理图的放大与缩小：滚动鼠标滚轮可快速完成。

2）修改元器件属性。

在原理图编辑窗口中，双击元器件，将出现"编辑元件"对话框，可在其中修改元器件属性等。例如，双击元器件"R1"，设置电阻值为 330Ω，如图 1-18 所示。

图 1-18　电阻属性设置对话框

3）添加电源（V_CC）。

单击绘图工具栏中的图标按钮"图"，在元器件列表中选择"POWER"，即对应的电源（V_CC），将它放置在原理图编辑窗口，如图 1-19 所示。

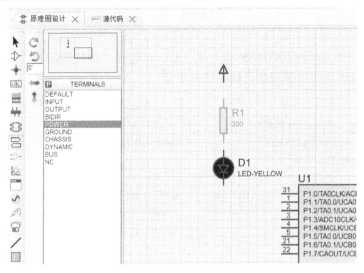

图 1-19 添加电源

（3）连线元器件

Proteus 具有自动连线功能。用户只需要选择一个连接的起始端和末端，它会自动寻找合适路径进行连接。

具体操作：将鼠标放置在元器件一端，当出现红色小方框时，单击左键，自动出现导线，将导线连接到其他元器件的一端，再次单击左键，即可完成电路的连接。

按上述操作完成各个对象的连线，从而完成电路原理图的绘制，如图 1-20 所示。最后，保存工程文件。

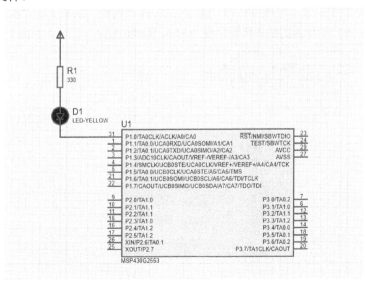

图 1-20 电路连接

注意：具有连接关系的两个元器件之间必须用导线进行连接。在连接过程中，如果需要确定导线转折点位置，则可在转折点位置单击左键实现。

2．软件程序设计

Proteus VSM 模块提供了单片机源文件编辑、程序调试、跟踪和分析等功能。

（1）编写源程序

右击电路图中的 MSP430G2553 单片机（U1），选择"源代码编辑"，确认编译器信息后，进入源代码编辑界面，编写项目源程序并保存。

参考 C 语言程序：

```
/*程序功能：实现 LED 闪烁*/
#include   <msp430g2553.h>          //MSP430G2553 头文件
void main(void)
{
    WDTCTL = WDTPW + WDTHOLD;        //关闭"看门狗"
    P1DIR |= BIT0;                   // P1.0=1，设置为输出
    P1OUT |= BIT0;                   // P1.0=1，LED 灯灭
    while(1)
    {
        P1OUT &= ~BIT0;              // P1.0=0，LED 灯亮
        __delay_cycles(50000);       //延时
        P1OUT |= BIT0;               // P1.0=1，LED 灯灭
        __delay_cycles(50000);       //延时
    }
}
```

说明：在源代码窗口中，单击菜单栏中的"系统"，选择"编辑器配置"，可设置代码的字体、颜色等。

（2）编译

单击标准工具栏中构建工程图标按钮"▦"，或选择"构建"菜单下的"构建工程"命令，可对源文件进行编译，编译器的结果将显示在"VSM Studio 输出"栏中，如图 1-21 所示。

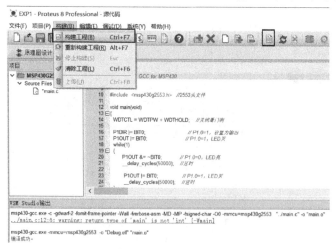

图 1-21　编译结果显示

3．系统调试

（1）调试运行

单击仿真工具栏中的"运行"图标按钮"▶"，观察实验的仿真结果，如图 1-22 所示。

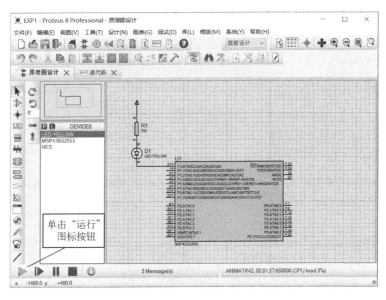

图 1-22 实验仿真结果

从仿真运行结果可以观察到，元器件的两侧有两个小点，表示元器件两侧电平的变化，红色表示高电平，蓝色表示低电平，灰色表示未接入信号或高阻态。MSP430G2553 单片机 P1 引脚复位后默认输出低电平，故引脚处显示蓝色。

（2）单步调试

Proteus 软件支持源代码级仿真与调试，具体操作如下。

1）单击仿真工具栏中的"单步运行"图标按钮"▶"。

2）在弹出的窗口中，可以看到各种调试信息，如图 1-23 所示，其中 MSP430 Source Code 为源代码窗口，MSP430 Variables 为变量查看窗口。调试时，可根据需要打开其他信息窗口。

3）源代码窗口提供了调试工具栏：⏩⏬⏭⏮⏯⏱，从左到右依次为运行、单步、单步进入、单步跳出、运行到光标处、设置/取消断点。

配合调试工具，可以方便地进行单片机系统的源代码级调试。例如，单击"单步"图标按钮"⏬"，可以观察到源代码中每条语句的执行情况，以及对应到电路中的状态变化，还可以在状态栏中观察到每条语句的执行时间。例如，语句"__delay_cycles(50000)"的执行时间为 809.61ms（即延时）。

断点设置是研究软件设计/软硬件交互问题的一种非常有用的方法。一般情况下，在发生问题的子程序开端设置一个断点，启动仿真，然后与设计进行交互式仿真，直到程序运行到断点处。在断点处，仿真将被挂起。之后，利用单步执行观测寄存器值、存储单元和其他电路中涉及的条件。

（3）调试弹出模式

上述调试中，由于代码和电路不在同一个界面中，因此不利于用户边调试边观察现象。

Proteus 提供了一个调试弹出窗口控件，在仿真调试的过程中，可以将原理图中选定的一部分电路在 VSM Studio 页面中显示出来。这对于用户来说十分方便，大大提高了调试效率。具体操作如下。

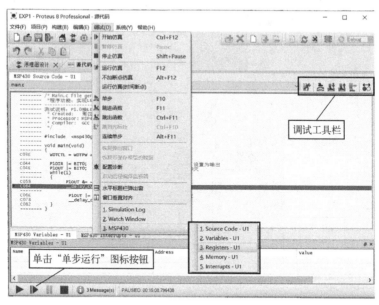

图 1-23　打开调试窗口操作

1）单击"原理图设计"标签栏，选择专用工具栏中的"弹出调试"图标按钮"▢"。

2）用鼠标在绘图窗口选中观察区域，如图 1-24 中虚线框所示区域。

如果需要观察多个对象，则可以重复上面的操作，并围绕这些元器件画出虚线框。右击虚线框，也可以进行"移动对象"和"删除对象"操作。

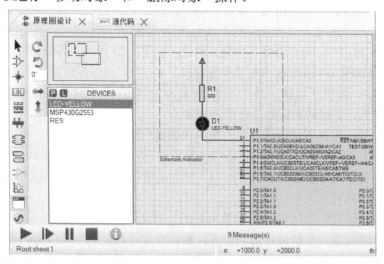

图 1-24　调试弹出模式操作

3）单击"单步运行"图标按钮"▣"，会切换到"源代码"标签栏，调试窗口右侧将显示刚才选择的部分原理图，如图 1-25 所示。

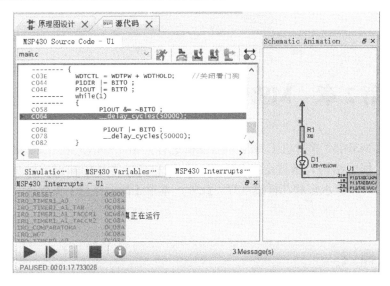

图 1-25　带有调试弹出模式的 VSM Studio 界面

当停止仿真（从仿真控制面板），调试弹出窗口会消失，VSM Studio 将从调试状态切换回设计编辑状态，此时可以再次编辑和编译源代码。

说明：只有在仿真停止以后，才能在原理图中创建或调整调试弹出窗口。

思考与练习

1．简述单片机的概念。

2．简述 MSP430 系列单片机的特点。

3．MSP430 系列单片机是典型的"混合信号处理器"，其各系列都集成了哪些片内外设？

4．MSP430 系列单片机主要包括哪几种类型？

5．简述 MSP430 系列单片机的主要应用领域。

6．简述 MSP430G2553 单片机主要包含哪些外设。

7．MSP430 闪存存储器主要有哪些特性？

8．简述 MP430 系列单片机时钟输入源。

9．如何设置 MSP430 系列单片机的工作模式以适用于超低功耗应用？

10．MP430 系列单片机加电复位(POR)信号可通过哪些事件生成？

11．请简述 MSP430 系列单片机的电源电压监控器的主要功能。

12．简述单片机最小系统的概念。

第 2 章　MSP430 单片机 C 语言基础

本章主要对 MSP430 单片机 C 语言编程基础进行介绍，包括常量、变量、数据类型、运算符、表达式、程序结构、函数定义与调用、数组和指针等基础知识，以及两个程序设计 Proteus 仿真实验——流水灯和花样流水灯。此外，本章还简要介绍了集成开发环境 IAR 的使用方法。

2.1　C 语言概述

C 语言是目前流行的高级编程语言，它具有硬件控制性强、可移植性好、表达与运算性强、易于掌握等特点，使得单片机的丰富功能得以充分发挥，提高了软件的开发效率，也增强了程序的可读性、可靠性和可移植性。基于 C 语言进行程序设计是单片机系统开发和应用的必然趋势。本节将简单介绍常量、变量、数据类型、运算符、表达式、程序结构、函数的定义与调用、数组与指针等 C 语言基础知识。

2.1.1　常量、变量与数据类型

1. 常量

常量又称标量，其值在程序执行过程不变。常量通过 "#define" 在程序中定义后使用，而不是在程序中直接使用常量的值。例如：

```
#define Pi 3.14    //定义后，程序中使用 Pi 代替 3.14，提高程序可读性
```

常量主要分为整型常量、浮点型常量、字符型常量和字符串型常量。

1）整型常量。整型常量的值可以表示为十进制，如 256、0、−12 等；也可用十六进制表示（以 0x 开头），如 0x32、−0x4F 等。若表示为长整型，则需要在数字末尾加字母 L，如 514L、016L 等。

2）浮点型常量。浮点型常量的表示可分为十进制和指数形式。十进制表示又称定点数表示，由数字和小数点组成，如 0.516、−3.14 等。注意，在十进制表示中，若其整数或小数部分为 0，则可以省略，但必须有小数点。指数表示形式为：[±]数字[.数字]e[±]数字，其中 "[]" 中的内容为可选项，其余部分必须有，如 529e4、−76.0e-3。

3）字符型常量。字符型常量是由单引号括起来的一个字符组成，如'6'、'a'、'&'等。对于不可以显示的控制字符，可以在该字符前面加反斜杠 "\" 以组成专用转义字符，或直接写出该字符的 ASCII 码。常用转义字符见表 2-1。

4）字符串型常量。字符串型常量是由双引号括起来的一串字符组成，如"demo"、"Stop"等。当引号内没有字符时，它为空字符串。在使用特殊字符时，同样要使用转义字符，如双引号。C 语言中字符串型常量是作为字符型常量数组来处理的。在存储字符串型常量时，编

译器会在其尾部加上转义字符"\0"以作为该字符串型常量的结束符。例如，字符型常量'Y'占一个字节；而字符串型常量"Y"占两个字节，分别保存字符'Y'和转义字符"\0"，因此，字符型常量'Y'和字符串型常量"Y"是不同的。

2．变量

常量是指在程序执行过程中，其数值可以改变的量。在 C 语言中，变量须先定义后使用。其定义格式：

> 变量类型 变量名 1，变量名 2，…;

在变量被定义后，编译器会根据变量类型分配相应的存储空间，并与变量名联系起来。这样，在程序中使用该变量时，编译器可以根据变量名获取内存空间中的内容。例如：

> int i;
> i=24;

定义变量 i 后，编译器会根据 int 类型分配 4 字节的空间，并通过空间地址与变量 i 关联，数值 24 则存放在这个存储单元中。

表 2-1　常用转义字符

转义字符	含　义
\n	换行
\r	回车
\v	垂直制表符
\r	水平制表符
\a	响铃
\f	换页
\b	退格
\'	单引号
\"	双引号
\\	反斜杠
\?	问号字符
\ddd	3 位八进制任意字符
\xhh	3 位十六进制任意字符

3．数据类型

在标准的 C 语言中，根据数据的性质、表示形式、存储空间大小、构成特点，可将它划分为基本类型、指针类型、空类型和构造类型，如图 2-1 所示。MSP430 系列单片机的 C 语言也支持标准 C 语言的数据类型。与计算机相比，单片机的内部资源仍然是有限的，选择合适的数据类型是减少内部资源浪费，提高数据处理效率的关键。

（1）基本类型

MSP430 系列单片机的 C 语言支持的基本数据类型有 int、short、long、float、double、char，各数据类型的字节数、取值范围见表 2-2。

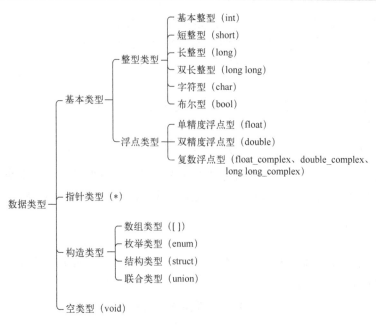

图 2-1 C 语言的数据类型

表 2-2 MSP430 系列单片机的 C 语言支持的基本数据类型

数据类型	字 节	取值范围	说 明
int	2	−32768～32767	整数
short	2	−32768～32767	短整数
long	4	$-2^{31}\sim 2^{31}-1$	长整数
float	4	±1.18e38～3.39e+38	浮点数
double	4	±1.18e38～3.39e+38	双精度浮点数
char	1	0～255	字符

（2）指针类型

指针是 C 语言中的一种重要数据类型，它是指某个变量存储区域的地址，即称为该变量的指针，其类型用"*"声明。在 MSP430 系列单片机中，指针可以指向的地址范围：0000H～0FFFFH，即 64KB 的地址空间。指针调用变量方式可降低程序运行时的内存占用率，提高运行速度。

（3）空类型

函数在被调用时，通常会向调用者返回一个函数值，并且函数返回值的类型应在函数定义时就予以说明，比如，int min(int a,int b)，定义了返回值为整型的函数。如果函数被调用后并不向调用者返回函数值，那么这种函数称为"空类型"，其类型用 void 声明。

（4）构造类型

构造类型是指通过构造的方法将已定义的一个或多个数据类型进行定义，即它由若干"成员"组成，且每个"成员"都是一个基本数据类型或一个构造类型。常用的构造类型有数组类型和结构类型，其中，数组是指将若干相同类型的变量有序组织起来的集合；结构是将若干不同类型、互相关联的变量组成的集合，构成结构的各个不同类型的变量称为结构元素。

定义一个结构类型的格式：

```
struct 结构名{
结构成员声明
}
```

2.1.2　运算符与表达式

C 语言功能的完善性高主要得益于其丰富的运算符和表达式。在 C 语言中，运算符是对数据进行运算的符号，而表达式则是通过运算符将常量、变量或函数组合的式子。根据运算对象的多少，可将运算符分为单目运算符、双目运算符和三目运算符。单目运算是指有一个运算对象，双目运算符是指有两个运算对象，三目运算符是指有三个运算对象。下面简单介绍 MSP430 单片机的 C 语言中常用的运算符：算术运算符、关系运算符、逻辑运算符、位运算符和赋值运算符。

1．算术运算符

算术运算符主要用于实现加、减、乘、除等读者熟悉的算术运算，见表 2-3。

表 2-3　算术运算符

运算符	含　义	说　明
+	加	双目运算符
−	减	双目运算符
*	乘	双目运算符
/	除	双目运算符
%	求余	双目运算符
++	自增运算	单目运算符
——	自减运算	单目运算符

下面为算术运算符的例子。

```
void main()
{
  int x,y,z;
  x=20;
  y=4;
  z=x+y;        //z 的值为 24
  z=x*y;        //z 的值为 80
  z=x/y;        //z 的值为 5
  z=x%y;        //z 的值为 0
  x++;          //执行此段代码后，x 的值为 21
  y—;           //执行此段代码后，y 的值为 3
}
```

2．关系运算符

关系运算符是指判断某种条件是否满足的运算符，其运算结果只有 0 和 1 两种，即逻辑的 true 和 false。常用的关系运算符见表 2-4，可见它主要反映的是操作数之间的大小关系。

表 2-4　关系运算符

运算符	含　义	例子（设 int x=7,y=5）
>	大于	x>y　//运算结果为 true
<	小于	x<y　//运算结果为 false
>=	大于或等于	x>=y　//运算结果为 true
<=	小于或等于	x<=y　//运算结果为 false
==	等于	x==y　//运算结果为 false
!=	不等于	x!=y　//运算结果为 true

3. 逻辑运算符

逻辑运算符是指求解条件式逻辑值的运算符，其运算结果与关系运算符的运算结果一样，只有 0 和 1，即逻辑的 true 和 false。常用的逻辑运算符见表 2-5。

表 2-5　逻辑运算符

运算符	含　义	例子（设 int x=7,y=0）
&&	逻辑与	x && y //运算结果为 false
||	逻辑或	(x>5)||(y<5) //运算结果为 true
!	逻辑非	!y　//运算结果为 true

4. 位运算符

位操作符是指对运算对象按位运算的符号，但此运算并不改变运算对象的数值。在单片机开发中，位运算应用较为广泛，比如设置某个引脚输出为低电平的操作，可通过位运算来实现。常用的位运算符见表 2-6。

表 2-6　位运算符

运算符	含　义	例子（设 int x=7,y=5,z=0）
&	按位与	z=x&y　//z 的值为 5
|	按位或	z=x|y　//z 的值为 7
~	按位取反	z= ~(x)　//z 的值为 8
^	按位异或	z= x^y　//z 的值为 2
>>	右移位	z=x>>2　//z 的值为 1
<<	左移位	z=x<<2　//z 的值为 28

5. 赋值运算符

在 C 语言中，"="是给变量赋值的运算符，称为赋值运算符。此运算符是一个双目运算符，其使用格式：

　　变量或数组 = 表达式;

下面为赋值运算符的例子。

```
int a,b;
a=b=125;    //赋值运算
```

此外，还常将其他运算符加在赋值运算符"="前面以构成复合赋值运算符，见表 2-7。

表 2-7 复合赋值运算符

运算符	含 义	例子（设 int x=7,y=2）
+=	加法赋值	x+= y //等价于 x=x+y, 运算结果为 x=9
-=	减法赋值	x-=y //等价于 x=x-y, 运算结果为 x=5
*=	乘法赋值	x*= y //等价于 x=x*y, 运算结果为 x=14
/=	除法赋值	x/= y //等价于 x=x/y, 运算结果为 x=3
%=	取余赋值	x%= y //等价于 x=x%y, 运算结果为 x=1
&=	按位"与"赋值	x&= y //等价于 x=x&y, 运算结果为 x=2
|=	按位"或"赋值	x|= y //等价于 x=x|y, 运算结果为 x=7
^=	按位"异或"赋值	x^= y //等价于 x=x^y, 运算结果为 x=5
>>=	右移位赋值	x>>= y //等价于 x=x>>y, 运算结果为 x=1
<<=	左移位赋值	x<<= y //等价于 x=x<<y, 运算结果为 x=12

从表 2-7 可以看出，复合赋值运算符对程序的可读性有所降低，但简化了程序，可提高程序的编译效率。

6. 运算符优先级

运算符优先级是指不同的运算符进行混合运算时，运算符运算的先后顺序。优先级高的运算符先运算，而优先级低的运算符后运算。C 语言常用运算符的优先级见表 2-8。

从表 2-8 所示的运算符优先级顺序可以看出：算术运算符>关系运算符>逻辑运算符>赋值运算符，但逻辑运算符中的"!"，以及位运算符中的"<<"与">>"除外。在复杂的表达式中，若有"( )""[ ]"，则这类括号的优先级最高，应先按照表 2-8 所示的优先级顺序先运算括号内部的表达式，再运算括号外部的表达式。C 语言的运算规则比较复杂，且运算符的优先级不需要记忆，实际编程中为了避免表达式产生歧义，建议使用"( )""[ ]"这类括号确定表达式的执行顺序，也可提高程序的可读性。

表 2-8 运算符的优先级

优先级	运算符	说 明
1	!、~、++、--等	单目运算符
2	*、/、%	算术运算符
3	+、-	算术运算符
4	<<、>>	位运算符
5	>、<、>=、<=、==、!=	关系运算符
6	&	位运算符
7	^	位运算符
8	|	位运算符
9	&&	逻辑运算符
10	||	逻辑运算符
11	=、+=、*=等	赋值运算符

2.2　C 语言的程序结构

MSP430 单片机 C 语言的程序控制语句主要有三种基本结构：顺序结构、选择结构和循环结构。

2.2.1　顺序结构

顺序结构是指代码从头到尾一句接着一句依次执行，直到执行完最后一条语句。顺序结构是 C 语言程序结构中的基本结构。在顺序结构中，往往会加入选择结构或者循环结构，执行完选择结构或者循环结构后，再回到顺序结构依次执行。

顺序结构的具体执行过程如图 2-2 所示。其中，程序依次执行语句 1 和语句 2。下面就是一段简单的顺序结构程序：

```
int main(int argc, const char *argv[])
{
printf("Hello World！\n");
return 0;
}
```

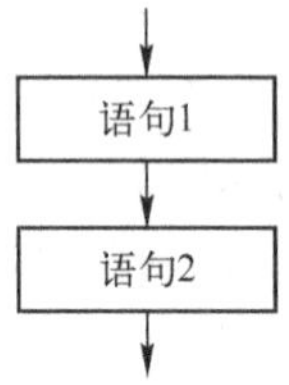

图 2-2　顺序结构执行过程示意图

2.2.2　选择结构

选择结构又称为分支结构或选取结构，其程序在执行过程中，会有多个分支，根据给定的条件进行判断，再根据判断结果来决定执行哪一个分支，而其他分支则被直接跳过。C 语言中的两种选择结构语句为条件语句（if）和开关语句（switch）。

1. 条件语句

条件语句根据判定条件满足与否，决定程序后续如何执行。它主要有以下 3 种基本格式。

（1）单分支结构

单分支结构是 if 条件语句中最简单的形式，其语法格式如下：

```
if(条件表达式)
语句;
```

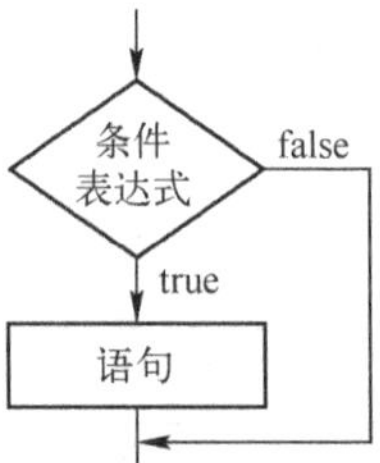

单分支结构的具体执行过程如图 2-3 所示。其中，"条件表达式"是给定的条件，它必须是逻辑表达式或关系表达式。首先，if 语句判断"条件表达式"的值是否为真，若为真，则执行下面的"语句"，否则直接跳过下面的"语句"。

图 2-3　单分支结构执行过程示意图

例如，用 if 条件语句的单分支结构比较两个不相等整数的大小，其程序如下：

```
#include <stdio.h>
int main() {
    int m,n ;
    printf("请输入两个不相等的整数：");
```

```
        scanf("%d %d",&m ,&n);
        int max = 0;
        if( m > n ){
           max = m ;
        }
        if( m < n ) {
           max = n ;
        }
         printf("较大的数是%d\n",max);
      return 0;
    }
```

（2）双分支结构

双分支结构是 if 条件语句的一个变种形式，当满足给定的条件时，执行一条语句；若不满足，则执行另一条语句。这种结构又称为 if-else 结构，其语法格式如下：

```
    if(条件表达式)
       语句 1;
    else
       语句 2;
```

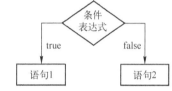

图 2-4　if-else 语句执行过程示意图

if-else 语句的具体执行过程如图 2-4 所示。其中，若"条件表达式"为真，则程序执行"语句 1"，否则执行"语句 2"。

注意：else 部分必须与 if 语句一起使用，而不能单独使用。

例如，用 if-else 语句的双分支结构比较两个不相等整数的大小，其程序如下：

```
    #include <stdio.h>
    int main() {
        int m,n ;
        printf("请输入两个不相等的整数：");
        scanf("%d %d",&m ,&n);
        int max = 0;
        if( m > n ){
           max = m ;
        }
        else{
           max = n ;
        }
         printf("较大的数是%d\n",max);
      return 0;
    }
```

（3）多分支结构

多分支结构常通过 if-else 的双分支结构组合实现，即 if-else if-else 结构，其语法格式如下：

```
    if(条件表达式 1)        语句 1;
    else if（条件表达式 2）   语句 2;
    else if（条件表达式 3）   语句 3;
    …
    else if（条件表达式 n）   语句 n;
    else    语句 m;
```

if-else if-else 语句的具体执行过程如图 2-5 所示。

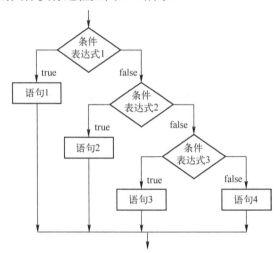

图 2-5   if-else if-else 语句执行过程示意图

其中，若各个条件表达式为真，则执行其对应语句，否则执行其下的 else if 语句，直至最后的 else 语句，程序结束。

2. 开关语句

开关语句是一种多分支的特殊条件语句。与条件语句的多分支结构相比，开关语句的可读性更好。开关语句的语法：当条件表达式满足某个常量表达式时，就执行其后的语句；若都不满足，则执行 default 对应的语句。

开关语句的格式为：

```
switch（条件表达式）
{
    case   常量表达式 1:
           语句 1;
           break;
    case   常量表达式 2:
           语句 2;
           break;
    …
    case   常量表达式 n:
           语句 n;
           break;
    default:  语句 n+1;
}
```

开关语句的具体执行过程如图 2-6 所示。

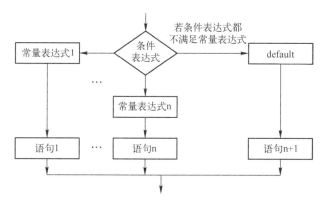

图 2-6　开关语句的执行过程示意图

注意：switch 语句的结束有两种方式，方式一，通过任何一个 case 表达式后的 break 语句终止；方式二，通过执行完 switch 语句的最后一条语句终止。

例如，用 switch 语句判断单片机哪个按键被按下，进而执行不同的函数的程序如下：

```
switch(Push_Key){
case BIT0:      P10_Onclick();      break;
case BIT1:      P11_Onclick();      break;
case BIT2:      P12_Onclick();      break;
case BIT3:      P13_Onclick();      break;
case BIT4:      P14_Onclick();      break;
case BIT5:      P15_Onclick();      break;
case BIT6:      P16_Onclick();      break;
case BIT7:      P17_Onclick();      break;
default:                            break;
}
```

2.2.3　循环结构

循环结构是指在给定条件成立的情况下，反复执行某一段代码，它是最能发挥单片机优势的程序结构之一。循环结构主要格式有 3 种：for 循环、while 循环和 do while 循环。

（1）for 循环

for 循环是 C 语言中使用最为广泛、功能最强、灵活性最高的循环语句，其语法格式如下：

for(初始值表达式；循环条件表达式；条件更新表达式)
　　循环语句；

for 循环的具体执行过程如图 2-7 所示。其中，"初始值表达式"为循环开始前初始化时执行的第一条语句，且只执行一次；"循环条件表达式"为执行循环语句的条件，它决定着循环是否继续执行；"条件更新表达式"为每次循环最后执行的一条语句，一般用来设置循环的步长并改变循环变量的值，从而改变循环条件表达式的真假；"循环语句"为被反复执行的语句，要求是一条独立的语句，若为多条语句，则需要用一对花括号构成一条复合语句。

例如，用 for 循环计算整型数 1～n 的和，其程序如下：

```
int i=0,sum=0,n=100;
for(i=1; i<=n; ++i)
    sum+=i;
```

注意：for 循环中的三个表达式均可省略。若省略初始值表达式，则需要在程序的其他地方完成循环控制变量的初始化工作；若省略循环条件表达式，则使得循环条件恒为真，导致程序出现"死"循环；若省略条件更新表达式，则需要增量表达式出现在循环语句中或不需要进行增量操作。

例如，下面的 for 循环将 3 个表达式全部省略，循环条件始终为 1，导致循环语句"P1OUT = P2IN"被无限次执行，即出现"死"循环。

```
for (;;)
{
 P1OUT = P2IN;
}
```

（2）while 循环

while 循环先判断条件表达式，只有条件表达式为真，才执行其下的循环语句。While 循环的语法格式如下：

```
while(条件表达式)
        循环语句；
```

while 循环的具体执行过程如图 2-8 所示。其中，若"条件表达式"为真，则执行"循环语句"，然后继续判断"条件表达式"是否为真，直至条件表达式为 false 时，结束循环。

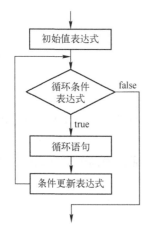

图 2-7　for 循环执行过程示意图

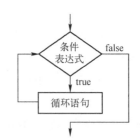

图 2-8　while 循环执行过程示意图

例如，用 while 循环计算整型数 1～n 的和，其程序如下：

```
int i=1,sum=0,n=100;
while(i<=n)
```

```
    {
        sum+=;
        i++;
    }
```

　　注意：while 循环的循环语句中必须有改变循环控制变量值的语句（如 i++），否则，将陷入"死"循环。

　　（3）do while 循环

　　do while 循环是先执行循环语句，再检查循环条件，这与 while 循环的程序执行过程相反，其语法格式如下：

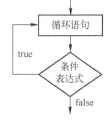

　　　　do 语句　white(条件表达式);

图 2-9　do while 循环执行过程示意图

　　do while 循环的具体执行过程如图 2-9 所示。其中，程序先执行"循环语句"，再判断"条件表达式"的值的真假，若为真，则再次执行"循环语句"，直至"条件表达式"的值为假时，结束循环。

　　例如，用 do while 循环计算整型数 1～n 的和，其程序如下：

```
int i=1,sum=0,n=100;
do{
    sum+=i;
    i++;
    }
while(i<=n);
```

2.3　C 语言函数的定义与调用

　　函数是 C 语言的基本组成部分，是一系列语句的集合，以完成特定功能。函数的使用方便了程序代码的维护和重复操作。C 语言程序中的函数可分为主函数和子函数，其中主函数是程序执行的起点。在程序执行过程中，主函数调用子函数，而子函数可再调用其他子函数。

1. 函数的定义

　　函数就是对其特定功能实现过程的具体阐述。在 MSP430 单片机 C 语言的函数中，从函数定义的角度，可以将函数分为编译系统提供的标准库函数和用户自定义函数。

　　标准库函数是编译系统建立的具有特定功能、调用参数和返回值的函数。此类函数一般不需要定义，但调用前需要在程序开始处包含库函数声明的头文件。例如，使用 MSP430G2553 单片机时，头文件应声明：

　　　　#include "MSP430X25X"

　　此头文件主要包括 ctye.h（字符处理类头文件）、math.h（数字类头文件）、stdlib.h（通用子程序类头文件）、string.h（字符串处理类头文件）、stdio.h（输入/输出类头文件）、setjmp.h（非局部跳转类头文件）等。

标准库函数在头文件中声明后，则可以直接被调用。而自定义函数则需要用户根据其需求编写后才可以被调用，否则编译器会报错。

函数定义的一般语法形式：

```
函数类型 函数名(类型 变量1，类型 变量2, …)
{
    函数体
}
```

例如，定义一个自定义函数来求两个整数之和。

```
int add(int i,int j)        //自定义整型函数 add()
{
    return(i+j);            /将 i+j 的值作为函数返回值
}
```

2．函数的调用

函数的调用是指在执行一个函数过程中跳转到另一个函数中执行。C 语言程序从主函数开始执行，并结束于主函数。而程序在从主函数开始执行的过程中，往往会调用其他函数，被调用函数执行结束后，程序会返回至主函数中，继续执行主函数余下的语句。

若要调用函数，则先要在所有函数外进行函数的声明，形式如下：

```
类型说明符    被调用函数名(含类型说明的形参表);
```

函数调用的方式主要有下列 3 种。

（1）作为语句调用

函数作为语句调用是指调用的函数为无返回值的函数，其调用是以一条独立语句的形式实现的。例如：

```
#include <stdio.h>          //包含输入、输出头文件
void swap(int x,int y)      //交换 x 和 y 的值
{
    printf("swap()函数调用前：x=%f\ty=%f\n",x,y);
    int t=x;
    x=y; y=t;
    printf("swap()函数调用后：x=%f\t y=%f\n",x,y);
}
int main()
{
    int m=10,n=50;     //定义变量
    swap(n,m);         //调用 swap()函数
    return 0;
}
```

上述程序运行结果：

```
swap()函数调用前：x=10      y=50
swap()函数调用后：x=50      y=10
```

可见，swap()函数通过语句形式被调用，且无返回值，仅完成了对数据的交换顺序操作。

（2）作为表达式调用

函数作为表达式调用是指函数有返回结果时，其调用可作为表达式中的一个运算分量，参与一定的计算。例如：

```
x=12*add(i,j);              //将 add()函数的返回值乘以 12 后赋给变量 x
printf("相加等于：", add(i,j));   //输出 add()函数的返回值
```

（3）递归调用

递归调用是指函数调用函数本身，是一种特殊的函数调用。递归的思想：为了解决问题 $f(n)$，需要先解决问题 $f(n-1)$，而问题 $f(n-1)$ 的解决又需要先解决 $f(n-2)$，依次逐层分解为众多类似的小问题，当最小的问题解决后，最高层次的问题 $f(n)$ 则得以解决。递归调用时须有递归公式和终止条件，其中递归公式是对问题的分解，是向递归终止条件收敛的规则；而终止条件是将最高层次问题分解为最小问题的解，避免造成"死"递归。

2.4　数组与指针

2.4.1　数组

数组是将相同类型的数据按照一定的顺序排列组合在一起而构成的数据集合。它可以对一批数据进行存储和处理，极大地提高了编程效率。

1．一维数组

（1）定义

一维数组用同一数组名存储一组同类型的数据，并用下标来区分数组中不同的数据（注意，数组的下标从 0 开始，而不是从 1 开始）。一维数组的一般定义形式：

> 类型说明符　数组名[常量表达式];

例如：

> int LCD_Buffer[8];

上面定义了含有 8 个 int 类型元素、数组名为 LCD_Buffer 的数组，下标范围为 0~7。

（2）引用

数组在引用之前必须先定义。一维数组的一般引用形式：

> 数组名[下标];　//注意，数组用的是中括号"[]"，不要误用小括号"()"或大括号"{}"

其中，下标为整型常量或整型表达式，下标从 0 开始，而不是从 1 开始，到"数组元素个数-1"处结束。

（3）初始化

初始化一维数组是指在定义数组时向数组元素赋初值，其一般形式：

> 类型说明符　数组名[常量表达式]={值 1, 值 2, ..., 值 n};

其中，大括号"{}"中用逗号隔开的每个值为每个数组元素的初值。

例如：

```
int LCD_Buffer[8]={0,1,4,10,5,8,11,18};
```

2. 二维数组

虽然二维数组与一维数组相似，但是其用法比一维数组要复杂。数学中的矩阵常用二维数组来描述，即用二维数组的第一维表示行，第二维表示列，使得其表示直观而形象。

（1）定义

二维数组的一般定义形式：

类型说明符 数组名[常量表达式 1][常量表达式 2];

其中，类型说明符表示数组所有元素的类型，常量表达式 1 表示数组的行数，常量表达式 2 表示数组的列数。

例如

```
int numb[2][3];   //定义了一个 2 行、3 列的 int 型二维数组 numb
```

（2）引用

二维数组的引用与一维数组一样，只有定义后，才能使用，并且每次只能引用一个数组元素，而不能一次引用整个数组。二维数组的引用形式：

数组名[行下标][列下标];

其中，行下标、列下标均从 0 开始，形式可以为常量、变量或表达式，但引用数组元素时不能加类型。

例如，下面是对二维数组的引用示例：

numb[1][2]=numb[2][1];

（3）初始化

二维数组的初始化是指给数组的各元素赋初值，通常有分行赋值初始化和顺序赋值初始化，其中分行赋值是指分行给出初始化数据，且每行的初始化数据个数等于列数；顺序赋值是指初始化数据没有分行，直接通过一个大括号将初始值列出，并按线性顺序赋值给数组各元素。

例如，用分行赋值初始化数组：

numb[2][3]={{1,3 ,5},{2,4,6}};

其中，该初始化列表给出了组数据，每一组数据用一对大括号括起来，每组中的数据及组与组之间均用逗号隔开。这是一种较常用的二维数组的初始化方式。

例如，用顺序赋值初始化数组：

numb[2][3]={1,3,5,2,4,6};

其中，该初始化数据以三列数为一组，可分为两组，且每组数据个数恰好等于列数 3，故第一组赋值给数组 numb 的第 1 行，第二组赋值给数组 numb 的第 2 行。初始化后，numb 数组中各元素为

1 3 5

2 4 6

3．字符数组

在 C 语言中，字符串可以被看成由多个字符组成的数组，因此，想要存储一个字符串，可通过存储字符数组来实现。字符数组也是一个数组，且是存储字符的数组，数组中一个元素对应存放字符串的一个字符。

（1）定义

字符数组的一般定义形式：

```
char 数组名[常量表达式];                        //一维字符数组
char 数组名[常量表达式 1][常量表达式 2];         //二维字符数组
```

其中，char 表示数组中的元素类型为字符型，一维字符数组的元素数等于常量表达式，二维字符数组的元素数等于常量表达式 1 与常量表达式 2 之积。

例如，定义一维字符数组 str1 和二维字符数组 str2。

```
char str1[5];
char str2[4][5];
```

（2）引用

字符数组的引用与其他数组类似。字符数组的一般引用形式：

```
数组名[下标];                //引用一维字符数组
数组名[行下标][列下标];       //引用二维字符数组
```

例如，将一维字符数组 str1 的第 2 个元素赋值给二维字符数组 str2 的第三个元素的程序如下：

```
str2[0][2]=str1[1];
```

（3）初始化

字符数组的初始化与其他数组一样，可在定义时初始化，也可在定义后初始化。常用的初始化方式有逐字符赋值和用字符串赋值两种。

例如，将字符数组 str1 初始化为"hello MSP430!"。

```
char str1[]={'h','e','l','l','o',' ','M','S','P','4','3','0','!'};  //逐字符赋值初始化
char str1[]={"hello MSP430!"};                                      //用字符串赋值初始化
char str1[]="hello MSP430!";                                        //用字符串赋值初始化
```

其中，逐字符赋值初始化用单引号，而用字符串赋值初始化则用双引号或可以省去大括号。

2.4.2　指针

指针是 C 语言中的重点和难点，对其正确、灵活的运用，可简化程序，提高运行速度。

（1）指针与指针变量的概念

在 C 语言中，指针用来存储数据的地址，它是访问数据的快捷方式，而不是直接存储数据，因此，通过指针可以快速访问和操作它指向的数据。用一个变量来存放指针，这个变量称为指针变量。

（2）指针变量的定义

指针变量的定义与普通变量类似，只是要在指针变量名前加"*"，其定义格式：

数据类型 *指针变量名;

其中,"数据类型"是指针所指向变量的类型,它可以是任意类型,即指针所指的内存区域可以用于存放任意类型的数据;"*"表示此变量是一个指针类型的变量。

例如:

char *c; //定义一个字符型的指针变量 c,其中只能存放字符型变量的地址

MSP430 系列单片机的 C 语言除支持上述数据变量指针以外,还支持函数指针,后者是指向函数存储地址的特殊指针,可用于函数调用。函数指针具备变量的特性,可以作为参数传递和函数返回,因此,函数指针常用于直接通过函数名无法调用的场景中。

函数指针的定义格式:

函数类型(*函数指针名)(形参类型表);

其中,函数类型表明函数的返回类型,形参类型表是指针变量指向的函数所带的参数列表。

例如:

int (*s) (int, float);

上述代码定义了一个函数指针变量 s,其可以指向任意一个含有 int 和 float 这两个参数的函数,且返回值为 int 类型。

(3)与地址相关的运算符

C 语言常用的两种与地址相关的指针运算符为 "&" 和 "*",其中 "&" 为地址运算符,用于返回操作数的地址;"*" 为指针运算符,用于指针所指向变量的值。

例如:

```
int m=50, n=60;        //定义变量 m 并将它赋值为 50
int *p=&m;             //定义指针变量 p 并初始化
p=&n;                  //修改指针变量的值
```

其中,定义指针 p 时必须带 "*",而定义指针后再给指针变量赋值时不用带 "*"。

2.5 MSP430 单片机的集成开发环境

IAR for MSP430 全称 IAR Embedded Workbench for MSP430,是 IAR Systems 公司为 MSP430 单片机开发的一款功能强大的集成开发环境,包括代码编辑器、编译器、调试器和图形用户界面等工具。它具有用户入门容易,使用方便快捷等特点。

下面以 IAR for MSP430 V7.10 版本为例,介绍一下该软件的使用方法。

打开 IAR for MSP430 软件,界面如图 2-10 所示。

1. 新建工程

首先,依次单击主菜单中的 "File" → "New Workspace",建立一个新工作区,如图 2-11 所示;然后,在新的工作区界面上,依次单击主菜单中的 "Project" → "Create New Project...",建立一个新的工程,如图 2-12 所示。

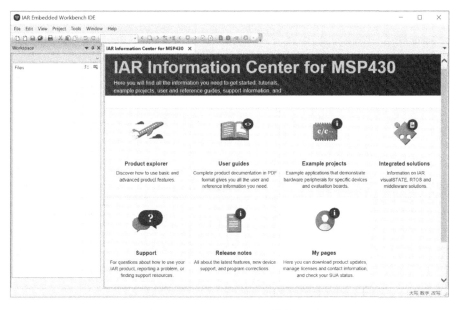

图 2-10　IAR for MSP430 软件界面

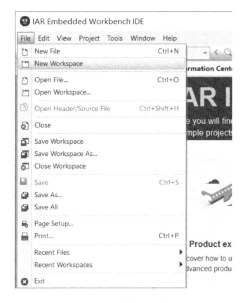

图 2-11　建立新工作区

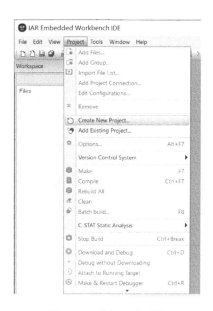

图 2-12　建立新的工程

在"Create New Project"对话框中，选择 MSP430 单片机常用的开发语言——C 语言，单击"+"号，选择"main"选项，创建一个 C 语言工程模板，如图 2-13 所示。单击"OK"按钮，出现如图 2-14 所示的"另存为"界面，选择保存路径，将新命名的 LED Project 工程文件保存在用户自定义的文件夹中。

新建工程界面如图 2-15 所示。

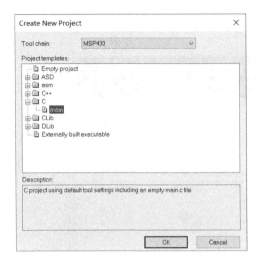

图 2-13　选择 C 语言工程模板

图 2-14　保存新的工程文件

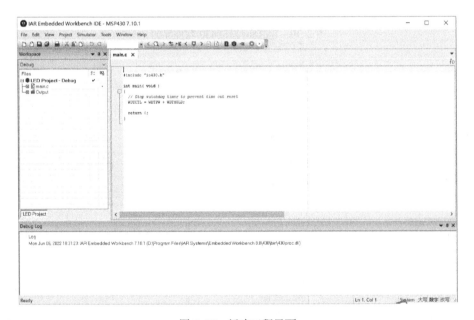

图 2-15　新建工程界面

2. 工程配置

对于新建的 MSP430 工程，需要对它进行配置。单击主菜单中的 "Project" →
"Options…"，如图 2-16 所示。在弹出的工程配置对话框中，需要设置单片机型号和进行仿
真器配置。以 MSP430G2553 单片机为例，选择 MSP430GXXX 家族中的 MSP430G2553，
如图 2-17 所示。然后，选择该对话框左侧 "Category" 下的 "Debugger"，进行仿真器配
置，如图 2-18 所示，其中，"FET Debugger" 用于硬件仿真，而 "Simulator" 用于软件
仿真。

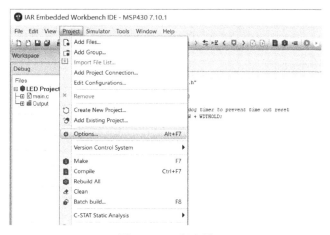

图 2-16 工程配置

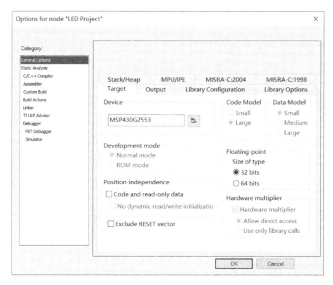

图 2-17 单片机型号的选择

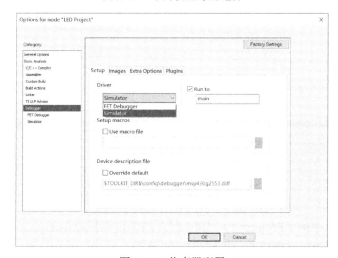

图 2-18 仿真器配置

3．编写源程序

在主程序窗口中，编写 MSP430 单片机 C 语言源程序。以闪烁的 LED 灯为例，编写的源程序如图 2-19 所示。

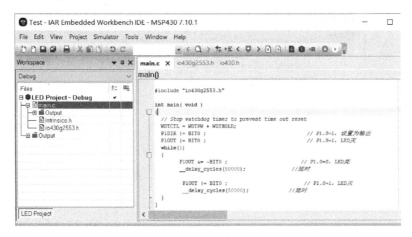

图 2-19　源程序编写

4．编译、连接与调试

依次单击主菜单中的"Project"→"Compile"，或单击图标栏中的 █ ，抑或按快捷键〈Ctrl+F7〉，对源文件进行编译，编译结果如图 2-20 所示。当错误数为 0，警告数为 0 时，表明编译完成。若错误数不为 0，则需要对程序进行修改，直至编译错误数为 0。

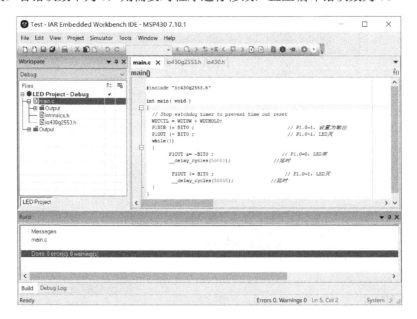

图 2-20　编译完成

依次单击主菜单中的"Project"→"Make"，或单击图标栏中的 █ ，抑或按快捷键 F7，对源文件创建连接，创建连接后的结果如图 2-21 所示。

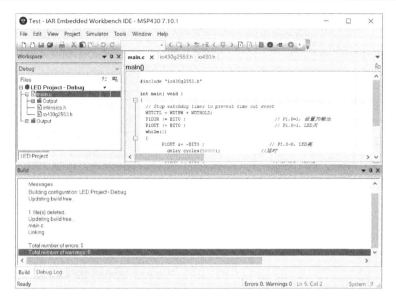

图 2-21 连接完成

依次单击主菜单中的"Project"→"Download and Debug"或"Debug without Downloading"，或者单击图标栏中的 ▶ 或 ▶，进入调试界面，如图 2-22 所示。用户可以根据需要进行单步调试、单步进入、设置断点，以及查看变量、寄存器等操作。

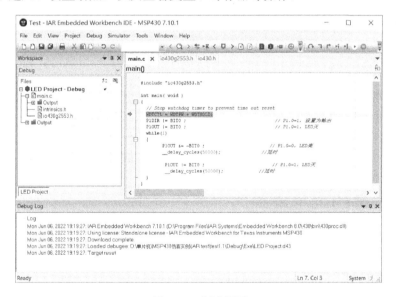

图 2-22 调试界面

5. 生成目标文件

当程序调试完后，可设置生成 HEX 格式的可执行目标文件，用于 Proteus 仿真。具体设置方法如图 2-23 所示，依次单击主菜单中的"Project"→"Options..."，选择弹出对话框左侧"Category"下的"Linker"，进行输出文件配置。设置完成后，重新编译连接源程序，即可生成 HEX 格式的可执行目标文件。该文件存放在工程中 Debug 文件夹下的 Exe 文件夹中。

在使用 Proteus 软件进行仿真时，单击单片机加载该目标文件，即可观察到程序仿真结果。

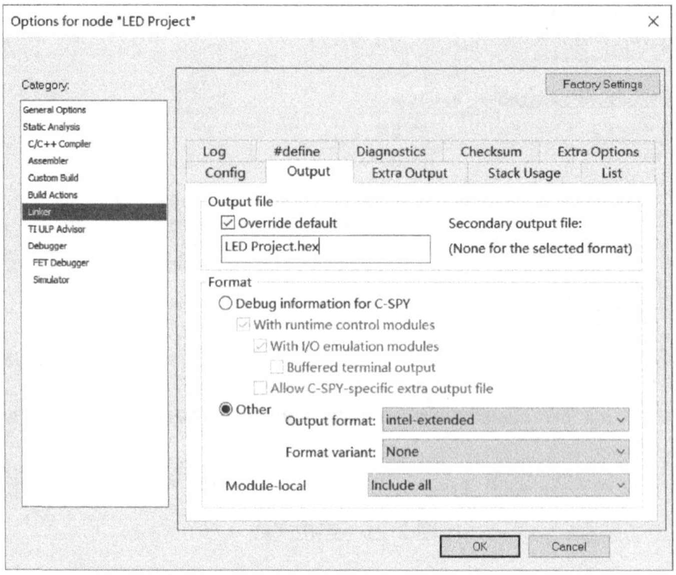

图 2-23　生成 HEX 格式的可执行目标文件的配置

2.6　程序设计 Proteus 仿真实验

2.6.1　流水灯

若干 LED 有规律地依次点亮或熄灭就称为流水灯，它用在夜间建筑物装饰方面，可起到变换闪烁的效果。流水灯看起来更像马儿一样跑动的小灯，故也称为"跑马灯"。在单片机系统运行时，可以在不同状态下让流水灯显示不同的组合，作为单片机系统运行正常的指示。此外，流水灯在单片机调试过程中也非常有用，可以在不同时间将需要的寄存器或关键变量的值显示在流水灯上，提供需要的调试信息。

【实验 2-1】　流水灯。

实验要求：采用 MSP430G2553 单片机 I/O 端口实现 8 个 LED 的流水灯控制。

（1）硬件电路设计

流水灯硬件电路如图 2-24 所示，将 8 个 LED（发光二极管）电路分别连接到单片机的 P1.0～P1.7 引脚上，R1～R8 作为限流电阻。

对于 LED，当其两端压降大于 1V，导通电流为 5～20mA 时，即可发光。若电流过大，则会烧毁 LED，因此，每个 LED 需要串联一个电阻，以达到限流的目的。

（2）软件程序设计

当 I/O 引脚输出低电平时，LED 点亮；当 I/O 引脚输出高电平时，LED 熄灭。流水灯要实现 8 个 LED 从上到下按一定的时间间隔依次循环点亮，需要将 P1（P1.0～P1.7）口设置为输出，然后将一个循环周期分为 8 个时间段，每个时间段分别将对应的数据送到 P1 口，可采用延时函数控制时间间隔。

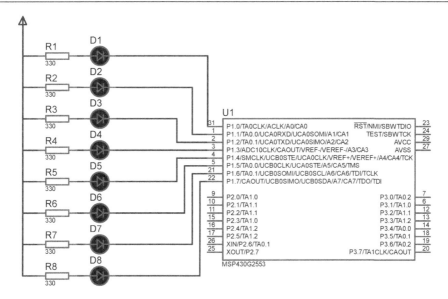

图 2-24　流水灯硬件电路

参考 C 语言程序：

```
/*程序功能：实现 LED 流水灯*/
#include   <msp430g2553.h>          //MSP430G2553 头文件
#define uchar unsigned char
void main(void)
{
  uchar i,a;
  WDTCTL = WDTPW + WDTHOLD;          //关闭"看门狗"
  P1DIR   |= 0xFF;                   // P1.0～P1.7 设置为输出
  P1OUT   |= 0xFF ;                  // LED 初始状态为全灭
  while(1)
  {
  a=0x01;                            //赋初值
  for(i=0;i<8;i++)
  {
      P1OUT = ~a;                    //a 取反后送入 P1 口
      __delay_cycles(20000);         //延时 200ms
      a=a<<1;                        //a 左移 1 位
  }
  }
}
```

说明： "<<" 为左移运算符，用于控制 LED 的循环点亮。__delay_cycles(x)为系统自带的精确延时函数，延时的时间为 x 乘以 MCLK 的时钟周期，延时时间决定了流水灯的速度。

（3）仿真结果与分析

在 Proteus 原理图中，双击 MSP430G2553 单片机，设置 MCLK 的频率为 1MHz。在源代码区，对源文件进行编译，单击仿真运行按钮开始仿真。我们可观察到 8 个 LED 从上到下依次循环点亮，仿真结果如图 2-25 所示。

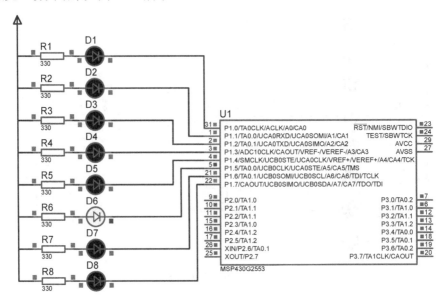

图 2-25　流水灯仿真结果图

注意：本例中 LED 循环点亮的时间间隔不宜过低。实际中，若流水灯速度太快，超出了人眼的分辨能力，则看起来 8 个 LED 是全亮的，但仿真软件中不能看到该现象。

2.6.2　花样流水灯

【实验 2-2】　花样流水灯。

实验要求：采用 MSP430G2553 单片机 I/O 端口控制实现花样流水灯，每个 LED 点亮时间为 0.2s。

花样 1：从上往下依次递增点亮 1 个黄色 LED，再从上往下依次递增点亮 1 个绿色 LED。

花样 2：从上往下逐次递增点亮 1 个 LED。

花样 3：从下往上逐次递增熄灭 1 个 LED。

花样 4：黄色 LED 和绿色 LED 交替闪烁 4 次。

（1）硬件电路设计

花样流水灯硬件电路如图 2-26 所示，将 8 个 LED 电路分别连接到 MSP430G2553 单片机的 P1.0～P1.7 引脚上，R1～R8 作为限流电阻。其中，D1、D3、D5 和 D7 为黄色 LED、D2、D4、D6 和 D8 为绿色 LED。

（2）软件程序设计

参考 C 语言程序：

```
#include   <msp430g2553.h>                                    //MSP430G2553 头文件
#define uchar unsigned char
uchar LED_1 [8]= { 0xFE,0xFA,0xEA,0xAA,0xA8,0xA0,0x80,0x00};   //花样 1
uchar LED_2 [8]= { 0xFE,0xFC,0xF8,0xF0,0xE0,0xC0,0x80,0x00};   //花样 2
uchar LED_3 [8]= { 0x80,0xC0,0xE0,0xF0,0xF8,0xFC,0xFE,0xFF};   //花样 3
uchar LED_4 [8]= { 0xAA,0x55,0xAA,0x55,0xAA,0x55,0xAA,0x55};   //花样 4
```

```
int main(void)
{
  uchar i,a=1;
  WDTCTL = WDTPW + WDTHOLD;                    //关闭"看门狗"
  P1DIR  |= 0xFF;                              // P1.0～P1.7 设置为输出
  P1OUT  |= 0xFF;                              // LED 初始状态：全灭
  while(1)
  {
  for(i=0;i<8;i++)
  {
      switch(a)
       {
         case 1:   P1OUT = LED_1[i];
                      break;
         case 2:   P1OUT = LED_2[i];
                      break;
         case 3:   P1OUT = LED_3[i];
                      break;
         case 4:   P1OUT = LED_4[i];
                      break;
        }
     __delay_cycles(20000);              //延时
  }
   a++;
   if (a==5) a=1;                        //4 种花样循环
  }
}
```

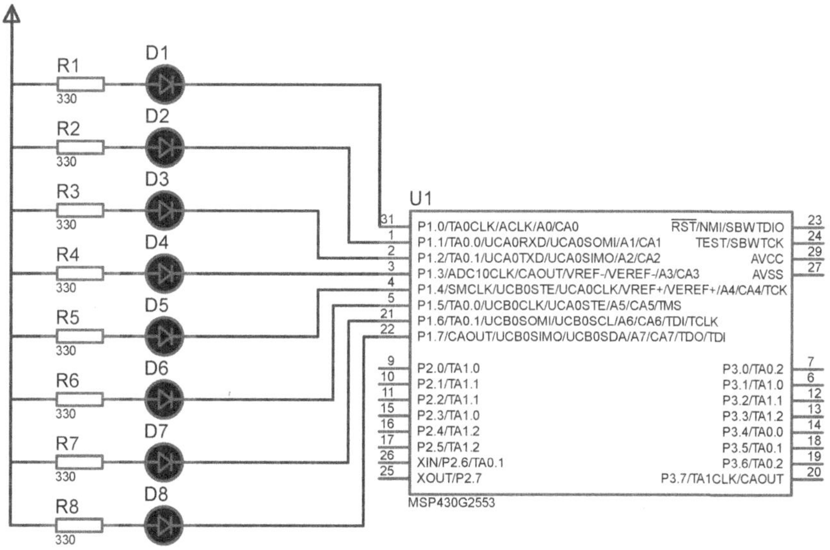

图 2-26　花样流水灯硬件电路

程序说明： 在程序中，将 4 个花样下 P1 口输出的数据分别采用 4 个数组进行定义，每个数组 8 个元素，分别控制每个时间段 LED 的亮灭状态。例如，在花样 1 中，点亮 D1，则 P1 口输出数据为 0xFE；点亮 D1 和 D3，则 P1 口输出数据为 0xFA；接下来，点亮 D1、D3 和 D5，则 P1 口输出数据为 0xEA；点亮 D1、D3、D5 和 D7，则 P1 口输出数据为 0xAA，以此类推，8 个数据以数组 LED_1 存放。该实验中采用数据的形式可以方便地实现流水灯多种花样的控制。

（3）仿真结果与分析

在 Proteus 原理图中，双击 MSP430G2553 单片机，设置 MCLK 的频率为 1MHz。在源代码区，对源文件进行编译，单击仿真运行按钮开始仿真。仿真结果如图 2-27 所示，可观察到 4 种花样流水灯的循环变换，初始状态为 8 个 LED 全部熄灭，随后，进入花样 1：黄色和绿色 LED 递增点亮；然后，进入花样 2：从上到下依次递增点亮 LED；接着，进入花样 3：从上到下依次递增熄灭 LED；最后，黄色和绿色 LED 交替闪烁 4 次后，再返回到花样 1，反复循环。用户可以根据需要自行设计其他的流水灯花样。

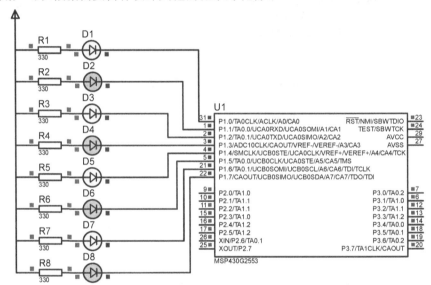

图 2-27　花样流水灯仿真结果图

思考与练习

1．简述 MSP430 系列单片机的 C 语言中常量的类型。

2．MSP430 系列单片机的 C 语言常用的基本数据类型有哪些？

3．简述运算符和表达式的联系。

4．简述 C 语言常用运算符的优先级。

5．简述开关语句的语法。

6．简述标准库函数的定义以及在程序中调用时的注意事项。

7．指针与指针变量的区别是什么？

8．MSP430 单片机 C 语言的程序控制语句主要包括哪些？

9．简述 C 语言中选择结构的概念。

10．简述循环结构的定义及其分类。

第3章 MSP430 单片机 I/O 端口

I/O 端口是单片机与外界进行信息交互的重要部件，MSP430 单片机提供了许多功能强大、使用灵活的 I/O 端口。本章主要介绍 MSP430 单片机 I/O 端口的特点、相关寄存器、电气特性，以及 I/O 端口的应用。

3.1 MSP430 单片机 I/O 端口概述

MSP430 单片机 I/O 端口可以直接用于外部设备的输入、输出控制，如按键、LED、液晶屏等；可以用作片内模块的输入/输出端口，如外部中断源的输入、定时器/计数器的脉冲输入、A/D 输入、D/A 输出等；还可用作并行总线，满足外部设备扩展的需要。

由于型号和封装的不同，MSP430 系列单片机含有的 I/O 端口数不同，具体可见各单片机数据手册。在 MSP430G2553 单片机中，20 引脚封装的共有两个 I/O 端口，分别为 P1 和 P2；28 引脚封装的共有 3 个 I/O 端口，分别为 P1、P2 和 P3。每个 I/O 端口对应 8 个独立的可编程引脚，分别记为 Px.0～Px.7。"x"表示端口序号，即 x=1、2 或 3。单片机 I/O 端口数量有限，为了提供更多的功能，I/O 端口都采用了复用技术，通常第一功能为普通输入/输出，第二功能为外部中断、计数输入、串行口通信等，用户可以根据需要进行定义和使用。

MSP430G2553 单片机的 I/O 端口具有以下主要特征：
1）每个 I/O 端口可以进行字节操作，也可以独立进行位操作；
2）每个 I/O 引脚的输入和输出功能可以任意设置，组合使用；
3）每个 I/O 端口具有独立的控制寄存器；
4）每个 I/O 引脚具有一个可单独编程的上拉/下拉电阻；
5）P1 和 P2 口具有中断功能。

3.2 常用 I/O 端口寄存器

MSP430G2553 单片机的 I/O 端口具有 6 个控制寄存器，其中，P1 和 P2 口还具有 3 个中断寄存器，具体情况见表 3-1。

表 3-1 I/O 端口寄存器

寄存器名称	寄存器功能	读写类型	复位初始值
PxIN	输入寄存器	只读	无
PxOUT	输出寄存器	可读可写	保持不变

（续）

寄存器名称	寄存器功能	读写类型	复位初始值
PxDIR	方向控制寄存器	可读可写	0（默认为输入）
PxSEL	功能选择寄存器	可读可写	0（默认为 I/O 端口）
PxSEL2	功能选择寄存器 2	可读可写	0（默认为 I/O 端口）
PxREN	上拉或下拉电阻使能寄存器	可读可写	0（默认为禁用）
PxIE	中断允许寄存器	可读可写	0（不允许中断）
PxIES	中断边沿选择寄存器	可读可写	0（保持不变）
PxIFG	中断标志寄存器	可读可写	0（没有中断）

1. 输入寄存器 PxIN

输入寄存器 PxIN 用于存放 I/O 引脚当前的电平状态，当 I/O 引脚设置为输入时，通过读取寄存器的相应位即可获得 I/O 引脚上输入的数据。输入寄存器 PxIN 定义见表 3-2，每一位可单独读取，其值为 0 或 1。

表 3-2　输入寄存器 PxIN 定义

PxIN.7	PxIN.6	PxIN.5	PxIN.4	PxIN.3	PxIN.2	PxIN.1	PxIN.0

PxIN.y=0 表示该引脚输入低电平，PxIN.y=1 表示该引脚输入高电平（y 取 0～7）。

2. 输出寄存器 PxOUT

输出寄存器 PxOUT 又称输出缓冲寄存器，当 I/O 引脚设置为输出时，写入寄存器 PxOUT 的值将自动输出到对应的引脚上。单片机复位后，PxOUT 值不确定，使用时需要先确定 PxOUT 初始值，再通过方向控制寄存器设置为输出模式。输出寄存器 PxOUT 定义见表 3-3。

表 3-3　输出寄存器 PxOUT 定义

PxOUT.7	PxOUT.6	PxOUT.5	PxOUT.4	PxOUT.3	PxOUT.2	PxOUT.1	PxOUT.0

PxOUT.y=0 表示该引脚输出低电平，PxOUT.y=1 表示该引脚输出高电平。

3. 方向控制寄存器 PxDIR

单片机利用 I/O 端口与外界进行数据交换时必须先设置端口的数据传输方向，即输入或输出。方向控制寄存器 PxDIR 用于控制 I/O 端口的数据传输方向，其定义见表 3-4。I/O 端口的每一位引脚可以根据需要单独配置为输入或输出使用。在单片机复位时，PxDIR 初始值全部为 0，默认对应的引脚为输入功能。

表 3-4　方向控制寄存器 PxDIR 定义

PxDIR.7	PxDIR.6	PxDIR.5	PxDIR.4	PxDIR.3	PxDIR.2	PxDIR.1	PxDIR.0

PxDIR.y=0 表示该引脚为输入功能；PxDIR.y=1 表示该引脚为输出功能。

【例 3-1】 将引脚 P1.0、P1.1、P1.2 设置为输入，引脚 P1.3、P1.4、P1.5 设置为输出，且 P1.3、P1.4 输出高电平，P1.5 输出低电平。

程序如下：

```
P1DIR & = ~(BIT0+BIT1+BIT2);        // P1.0、P1.1、P1.2 设置为输入（可省略）
```

```
P1DIR |= BIT3+BIT4+BIT5;        // P1.3、P1.4、P1.5 设置为输出
P1OUT |= BIT3+BIT4;             // P1.3、P1.4 输出高电平
P1OUT & = ~ BIT5;               // P1.5 输出低电平
```

4．功能选择寄存器 PxSEL 和 PxSEL2

单片机 I/O 端口一般都具有复用功能，可作为普通 I/O 端口使用，也可用作第二功能。用户可以通过设置功能选择寄存器 PxSEL 和 PxSEL2 中相应的位来选择 I/O 引脚的功能。PxSEL 和 PxSEL2 功能组合见表 3-5，单片机复位时，PxSEL 和 PxSEL2 初始值全部为 0，默认为 I/O 端口功能。

表 3-5　PxSEL 和 PxSEL2 功能组合

PxSEL2.y	PxSEL.y	引脚功能
0	0	通用 I/O
1	0	保留
0	1	第一外设功能
1	1	第二外设功能

5．上拉/下拉电阻使能寄存器 PxREN

MSP430 单片机 I/O 端口电路内置了上拉电阻和下拉电阻。上拉/下拉电阻使能寄存器 PxREN 用于控制上拉/下拉电阻是否开启，其定义见表 3-6。当 I/O 端口用作输入需要使能内部上拉或下拉电阻时，除设置 PxREN 控制位以外，还需要结合 PxOUT 寄存器设置电阻是上拉还是下拉（1：上拉电阻，0：下拉电阻）。

表 3-6　上拉/下拉电阻使能寄存器 PxREN 定义

PxREN.7	PxREN.6	PxREN.5	PxREN.4	PxREN.3	PxREN.2	PxREN.1	PxREN.0

PxREN.y=0 表示禁用上拉/下拉电阻，PxREN.y=1 表示启用上拉/下拉电阻。

6．中断允许寄存器 PxIE

单片机的 P1 和 P2 口具有中断功能，每一个引脚都是一个中断源。中断允许寄存器 PxIE 用于控制 P1 和 P2 口的中断允许或屏蔽。PxIE 定义见表 3-7，复位时，PxIE 初始值全部为 0，默认不允许中断。

表 3-7　中断允许寄存器 PxIE 定义

PxIE.7	PxIE.6	PxIE.5	PxIE.4	PxIE.3	PxIE.2	PxIE.1	PxIE.0

PxIE.y=0 表示该引脚不允许中断，PxIE.y=1 表示该引脚允许中断。

7．中断边沿选择寄存器 PxIES

P1 和 P2 口的中断触发方式分为上升沿触发和下降沿触发。中断边沿选择寄存器 PxIES 用于设置中断的边沿触发方式，其定义见表 3-8。复位时，PxIES 初始值全部为 0，默认上升沿触发中断。

表 3-8　中断边沿选择寄存器 PxIES 定义

PxIES.7	PxIES.6	PxIES.5	PxIES.4	PxIES.3	PxIES.2	PxIES.1	PxIES.0

PxIES.y=0 表示该引脚选择上升沿触发中断，PxIES.y=1 表示该引脚选择下升沿触发中断。

【例 3-2】 将引脚 P2.0、P2.1 设为外部中断源，P2.0 设为上升沿触发中断，P2.1 设为下降沿触发中断。

分析：P1 和 P2 口用作外部中断时，需要先将端口设置为输入状态，并打开中断允许位，再选择触发方式。

程序设计如下：

```
P2DIR & = ~(BIT0+BIT1);        // P2.0、P2.1 设为输入（可省略）
P2IE | = BIT0+BIT1;            // P2.0、P2.1 引脚允许中断
P2IES |= BIT1;                 // P2.1 设为下降沿触发中断，P2.0 默认为上升沿触发中断
_ENIT();                       //总中断允许
```

8．中断标志寄存器 PxIFG

P1 口和 P2 口各公用了一个中断入口地址。为了正确区分不同的中断源，单片机为每个中断源配置了一个中断标志位。当 I/O 引脚满足中断条件时，中断标志寄存器 PxIFG 中对应的位会立即置 1 并保持。如果中断允许打开，且无更高级中断源请求的情况下，CPU 就会响应该中断。中断标志位必须及时清零，否则中断程序会不停执行。PxIFG 定义见表 3-9。复位时，PxIFG 初始值全部为 0，默认没有产生中断。

表 3-9　中断标志寄存器 PxIFG 定义

PxIFG.7	PxIFG.6	PxIFG.5	PxIFG.4	PxIFG.3	PxIFG.2	PxIFG.1	PxIFG.0

PxIFG.y=0 表示该引脚没有发生中断，PxIFG.y=1 表示该引脚有外部中断产生。

【例 3-3】 当 P2.0 和 P2.1 发生中断时，P2.4 和 P2.5 分别输出高电平。

中断服务程序设计如下：

```
#pragma vector=PORT1_VECTOR
__interrupt void PORT1_LED(void)    //声明一个中断服务程序
{
    if (P2IFG & BIT0 )
    {
        P2OUT=BIT4;        // P2.4 输出高电平
    }
    if (P2IFG & BIT1 )
    {
        P2OUT=BIT5;        // P2.5 输出高电平
    }
    P2IFG=0;                //清除 P2 口所有中断标志位
}
```

3.3　I/O 端口的电气特性

3.3.1　拉电流与灌电流

MSP430 单片机的 I/O 端口属于 CMOS 型，其特点是当 I/O 处于输入状态时，呈高阻态；当 I/O 处于输出状态时，高低电平都具有较强的输出能力。当单片机输出低电平时，允

许外部电路向 I/O 引脚内灌入电流，这个电流称为"灌电流"；当单片机输出高电平时，I/O 引脚向外部电路提供电流，这个电流称为"拉电流"。

灌电流和拉电流的大小反映了单片机 I/O 端口的驱动能力，不同类型、型号的单片机的灌电流和拉电流大小有所差异，具体参数可通过单片机数据手册查看。MSP430G2553 单片机每个 I/O 引脚允许的最大灌/拉电流为 6mA，总电流不超过 48mA。可见，MSP430 单片机的 I/O 端口具有一定的带负载能力，但电流较小，驱动能力有限。当驱动小功率负载（如 LED）时，单片机可以直接与负载相连，以驱动它正常工作；当驱动大功率负载（如电机）时，由于负载需要提供的电流（或电压）超过了单片机 I/O 引脚所能提供的最大电流（或电压），因此需要增加驱动电路，以提高单片机 I/O 端口的驱动能力。驱动电路一般采用三极管、MOS 管等分立元件或现有 IC 芯片（如 74LS06、74LS07、74LS245、74LS373、74HC573 等）。

3.3.2　逻辑电平的兼容性

MSP430 单片机工作电压为 1.8～3.6V，典型值为 3.3V，其任何一个引脚的输入电压不能超过 $V_{CC}+0.3V$，也不能低于 $V_{SS}-0.3V$。目前，市场上许多逻辑器件和数字器件依然采用的是 5V 电源，因此，在系统设计中，需要考虑 MSP430 单片机和 5V 电源系统之间的兼容性问题。

按照工艺特点，逻辑器件又分为 TTL 系列与 CMOS 系列，两个系列在输入/输出电平的上限和下限定义上存在着一定的差别。表 3-10 给出了 TTL 和 CMOS 的逻辑电平定义，其中，5V 电压和 3.3V 电压的 TTL 逻辑电平相同，但这两个电压的 CMOS 逻辑电平都不相同。

表 3-10　TTL 和 COMS 的逻辑电平定义

电压	TTL 逻辑电平		COMS 逻辑电平	
	输出	输入	输出	输入
$V_{CC}=5V$	$V_{OH} \geqslant 2.4V$ $V_{OL} \leqslant 0.4V$	$V_{IH} \geqslant 2.0V$ $V_{IL} \leqslant 0.8V$	$V_{OH} \geqslant 4.45V$ $V_{OL} \leqslant 0.5V$	$V_{IH} \geqslant 3.5V$ $V_{IL} \leqslant 1.5V$
$V_{CC}=3.3V$	$V_{OH} \geqslant 2.4V$ $V_{OL} \leqslant 0.4V$	$V_{IH} \geqslant 2.0V$ $V_{IL} \leqslant 0.8V$	$V_{OH} \geqslant 3.2V$ $V_{OL} \leqslant 0.1V$	$V_{IH} \geqslant 2.0V$ $V_{IL} \leqslant 0.7V$

MSP430 单片机 I/O 引脚为 COMS 型，与 5V 逻辑器件之间的连接需要注意逻辑电平转换问题。

（1）当 5V 逻辑器件驱动 MSP430 单片机时，虽然 TTL 和 CMOS 型器件输出的高电平与低电平都满足 MSP430 单片机逻辑电平输入标准，但是 5V 器件输出的高电平超过了 MSP430 单片机允许输入的最大电平。此时，通常可采用电阻分压的方法，降低 5V 逻辑器件的输出电平，或使用 74LVC 系列芯片，实现 5V 到 3.3V 的电平转换。

（2）当 MSP430 单片机驱动 5V 逻辑器件时，TTL 型器件可以直接驱动，而 CMOS 型器件由于输出电平与输入电平的不匹配而导致不能直接驱动，此时，可采用 74HTC 系列芯片，实现 3.3V 到 5V 的电平转换。

此外，MSP430 单片机 I/O 引脚输入呈高阻态，对干扰信号的捕获能力很强，因此，当 I/O 引脚不用时，引脚尽量不要悬空，可以接地或设置为输出状态，以得到一个确定的电平。

3.4　I/O 端口应用——LED 数码管显示

显示器是单片机应用系统中实现人机交互时必要的输出设备。常见的输出设备有发光二极管、LED 数码管、LED 点阵、液晶显示器等。

LED 数码管是常见的输出显示器件，其内部由多个发光二极管组成，常用来显示各种数字和部分字符。它具有结构简单、价格便宜、显示清晰、使用寿命长等优点，被广泛用于仪器仪表、家用电器等。

LED 数码管按段数可分为七段数码管和八段数码管。七段数码管采用 7 个圆角矩形的 LED 构成一个"日"字形显示区域；而八段数码管比七段数码管多了 1 个圆形的 LED，用于显示右下角的小数点。数码管按 LED 连接方式分为共阳数码管和共阴数码管。共阳数码管是将 8 个 LED 的正极连在一起形成公共阳极（COM，即串行通信端口），并连接到+5V 电源上，当 LED 负极接低电平（"0"）时，对应的段点亮，反之，当 LED 负极接高电平（"1"）时，对应的段则不亮。同理，共阴数码管是将 8 个 LED 的负极连在一起形成公共阴极（COM），并连接到 GND（电线接地端）上，当 LED 正极接高电平（"1"）时，则对应的段点亮。

图 3-1 为八段数码管的外形和结构示意图。八段数码管的八段分别命名为 a、b、c、d、e、f、g、dp，正好对应一个字节的 8 位，其中，a 为最低位，dp 为最高位。为了使数码管显示不同的字符，需要为数码管的各段提供一个 8 位二进制代码，即"段码"，通常用十六进制数表示。例如，若使共阳数码管显示数字"0"，则对应的段码为"11000000"，即 C0H；若使共阴数码管显示数字"0"，则对应的段码为"00111111"，即 3FH。常见字符的段码见表 3-11。

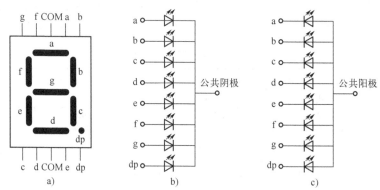

图 3-1　八段数码管外形与结构示意图

a) 外形及引脚　b) 共阴数码管　c) 共阳数码管

表 3-11　共阳数码管和共阴数码管的常见字符段码表

显示字符	共阳极段码	共阴极段码	显示字符	共阳极段码	共阴极段码
0	C0H	3FH	A	88H	77H
1	F9H	06H	B	83H	7CH
2	A4H	5BH	C	C6H	39H
3	B0H	4FH	D	A1H	5EH
4	99H	66H	E	86H	79H
5	92H	6DH	F	8EH	71H
6	82H	7DH	P	8CH	73H
7	F8H	07H	一	89H	76H
8	80H	7FH	L	C7H	38H
9	90H	6FH	"灭"	FFH	00H

一个 LED 数码管只能显示 1 位字符，为了显示更多的字符，市场上出现了多位一体的数码管，它显示的位数可分为 1 位、2 位、3 位、4 位等。在多位一体数码管中，每个数码管的段码线全部并联在一起，而公共端是独立的。连接在一起的段码线用于单片机控制数码管上显示的字符，而独立的公共端称为"位选线"，用于单片机控制其中某一个数码管点亮。

3.4.1　LED 数码管静态显示

单片机控制 LED 数码管显示的方式主要分为两种：静态显示和动态显示。

静态显示就是每个数码管的段码都单独由单片机的一个 8 位 I/O 端口驱动，而公共端根据数码管的类型连接 V_{CC} 或 GND。此时，单片机只需要向 I/O 端口输出需要显示的段码，数码管就可以一直显示对应的字符，并保持常亮状态，直到 I/O 端口接收到新的段码才会更新显示内容。由于每个数码管由不同的 I/O 端口独立控制，因此，各个数码管可以独立显示。

静态显示方式编程简单、显示稳定、亮度高、节约 CPU 时间，但每个数码管单独占用一个 I/O 端口，占用 I/O 端口资源较多。由于单片机的 I/O 端口资源有限，在多个数码管应用的任务中，可以通过增加译码驱动器来拓展更多的 I/O 端口，但也增加了硬件电路的复杂性。

【实验 3-1】　单个 LED 数码管循环显示 0～F。

实验要求：采用 MSP430G2553 单片机控制一个共阴数码管，使它依次循环显示 0～F，间隔时间约为 1s。

（1）硬件电路设计

将单片机的 P3 口连接到共阴数码管上，按照从低位到高位的顺序，P3.0～P3.7 引脚分别连接数码管的 a～dp 段，数码管公共端接 GND。此外，考虑到发光二极管的工作电流，每个引脚需要连接一个大小为 330Ω 的限流电阻，这里使用了排阻 RN1 代替单个电阻。硬件电路如图 3-2 所示。

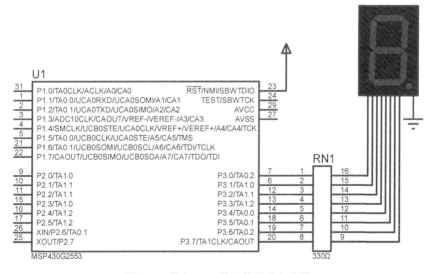

图 3-2　单个 LED 数码管显示电路图

（2）程序设计

```
#include <MSP430.h>
#define uchar unsigned char
#define uint unsigned int
uchar const DSY_CODE[]= { 0x3f,0x06,0x5b,0x4f,0x66,0x6d,0x7d,0x07,
                          0x7f,0x6f,0x77,0x7c,0x39,0x5e,0x79,0x71};
                          //共阴数码管 0～F 的段码
void delayms(uint t);          //定义延时函数
void main()                    //主程序
{
    uchar j;
    WDTCTL = WDTPW + WDTHOLD ;   //关闭"看门狗"
    P3DIR = 0xFF;                //设置 P3 口为输出
    P3OUT =0x00;
     while(1)
     {
         for(j=0;j<16;j++)
         {
         P3OUT=DSY_CODE[j];
          delayms(1000);
         }
     }
}
void delayms(uint t)           //延时函数
{
    uchar i;
    while (t--)
       for(i=100;i>0;i--);      //延时 1ms
}
```

说明：在上述程序中，共阴数码管 0～F 的段码为常数，采用关键字 const 定义为数组类型，直接保存在单片机程序存储器 Flash 中。

（3）仿真结果与分析

在 Proteus 原理图中，双击 MSP430G2553 单片机，设置 MCLK 的频率为 1MHz。在源代码区，对源程序进行编译，单击仿真运行按钮，可观察到数码管上的数字依次显示 0～F，仿真结果如图 3-3 所示。

3.4.2　LED 数码管动态显示

动态显示就是所有数码管的段码线并联在一起，由单片机的一个 8 位 I/O 端口驱动，而每个数码管的公共端则由各自独立的 I/O 端口线实现位选控制。为了使每个数码管显示不同的内容，需要采用动态扫描的方式，即每隔一段时间轮流点亮每个数码管，利用数码管的余晖效应和人眼的"视觉暂留"现象，通过控制每个数码管的点亮时间和间隔，就可以达到多位数码管"同时"显示的效果。

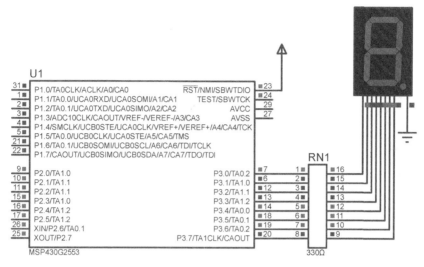

图 3-3　单个数码管显示仿真结果图

以一个 8 位 LED 数码管动态显示为例，如图 3-4 所示。该例需要用到单片机的两个 8 位 I/O 端口进行驱动，1 个 I/O 端口用于输出段码，另一个 I/O 端口用于位选控制。为了实现单片机控制 LED 数码管动态显示，需要注意以下两个问题：①发光二极管从导通到发光具有一定的延时，因此数码管点亮时间不宜太短，通常为 1～2ms；②每个数码管轮流点亮的时间间隔（即每轮扫描的总时间）应小于人眼的视觉暂留时间（约 100ms），否则会出现闪烁现象。数码管的位数越多，占用 CPU 的扫描时间就越长，因此，动态显示实质上是以扫描时间来换取 I/O 端口的减少。

图 3-4　8 位 LED 数码管显示图

采用动态显示的方式占用单片机的 I/O 端口资源较少、接口电路简单、功耗更低，但其编程稍显复杂，适合数码管应用较多的场合。

【实验 3-2】　单片机控制八位一体共阳数码管动态显示"22-01-01"。

实验要求：采用 MSP430G2553 单片机控制一个八位一体共阳数码管，使它显示"22-01-01"。

（1）硬件电路设计

将单片机的 P1 口连接到八位一体共阳数码管的段码端，P2 口连接到八位一体共阳数码管的公共端，按照从低位到高位的顺序，P1.0～P1.7 引脚分别连接数码管的 a～dp 段，P2.0～P2.7 引脚分别连接数码管的 1～8 位公共端。在实际使用时，考虑到 MSP430G2553 单片机 I/O 端口的驱动能力有限，单个 I/O 引脚的输出电流最大为 6mA，因此，通常在位选端连接驱动电路以提高 I/O 端口的驱动能力，一般可采用 74LS06、74LS07、74LS245、74LS373、74HC573 以及分立三极管等元件作为驱动器，使单片机的工作更加稳定、可靠。这里选用 74LS245（8

路同相三态双向总线收发器）作为驱动器，其中，$\overline{CE}$ 为使能端，低电平有效；$AB/\overline{BA}$ 为方向控制端，取高电平时，数据由 A 至 B，取低电平时，数据由 B 至 A。综上，硬件电路如图 3-5 所示。

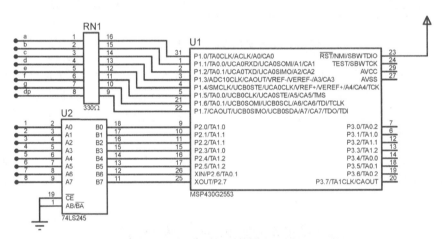

图 3-5   八位一体共阳数码管动态显示电路图

说明：在进行 Proteus 仿真时，P1 口与数码管段码以及 P2 口与数码管位码之间的连接是通过设置网络标号实现的。

（2）程序设计

```
#include <msp430g2553.h>
#define uchar unsigned char            //定义数据类型
#define uint unsigned int
uchar const DSY_CODE[]={0xc0,0xf9,0xa4,0xb0,0x99,0x92,
                0x82,0xf8,0x80,0x90,0xbf};
                            //数码管动态显示的0～9和分隔符"-"的段码
uchar const wei_CODE[]={0x01,0x02,0x04,0x08,0x10,0x20,0x40,0x80};
                            //数码管位码
uchar disbuf[8]= {2,2,10,0,1,10,0,1};   //数码管显示初始值
void delayms(uint t);   //定义延时函数
void main (void)
 {
    uchar j=0;
    WDTCTL = WDTPW + WDTHOLD ;     //关闭"看门狗"
    P1DIR = 0xFF;                  //设置 P1 口为输出
    P1OUT= 0xFF;
    P2DIR = 0xFF;                  //设置 P2 口为输出
```

```
    P2OUT= 0x00;
    while (1)
    {
        P1OUT=DSY_CODE[disbuf[j]];        //发送段码
        P2OUT=wei_CODE[j];                //发送位码
        j++;
        j=j%8;                            //8 个数码管轮流显示
        delayms(5);
        P2OUT=0x00;                       //关闭位选端
    }
}
void delayms(uint t)                      //延时函数
{
    uchar i;
    while (t--)
        for(i=100;i>0;i--);               //延时 1ms
}
```

说明: 在上述程序中,轮流向 P1 和 P2 口发送段码和位码,控制单个数码管轮流点亮,而在每个数码管显示切换时,需要关闭当前数码管的位选端,以免新的段码对当前显示产生影响。读者可以删除 P2OUT=0x00 语句,并通过仿真来观察上述程序运行效果。

(3) 仿真结果与分析

在 Proteus 原理图中,双击 MSP430G2553 单片机,设置 MCLK 的频率为 1MHz。在源代码区,对源程序进行编译,单击仿真运行按钮,可以观察到八位数码管上显示"22-01-01",如图 3-6 所示,数码管看起来处于"同时显示"状态,其实每个数码管是轮流点亮的。

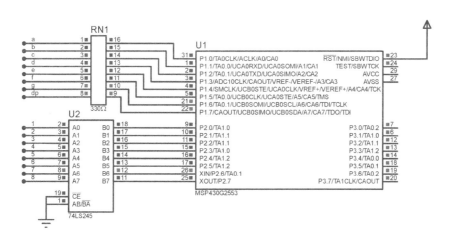

图 3-6 八位一体共阳数码管动态显示仿真结果图

3.5 I/O 端口应用——键盘输入

键盘输入是用户与单片机实现人机交互的主要手段。用户通过键盘向单片机输入各种数据、命令等，单片机识别这些按键信息后进行相应的处理。

键盘实际上是由一系列按键开关组成的，按其接口原理，可分为编码键盘和非编码键盘。编码键盘就是键盘上闭合键的识别由专用的硬件编码器实现，并产生键码或键值，如计算机键盘；而非编码键盘没有专门的硬件电路，需要通过软件来扫描并识别按键。非编码键盘结构简单、成本低，在单片机应用系统中使用广泛。

根据按键组合形式，非编码键盘又分为独立键盘和矩阵键盘。独立键盘就是每个按键单独占用一根 I/O 端口线，判别时相互之间不干扰，其优点有电路配置灵活、按键判别容易、反应速度快，但按键较多时，会占用过多的 I/O 端口资源，一般用于键少或操作速度较高的场合。矩阵按键就是按键位于行列交叉点上，其优点是占用 I/O 端口线少，但其缺点是按键判别速度慢，因此，它多用于设置数字键，常用于按键数目较多的系统设计中。

3.5.1 独立键盘

独立键盘是指键盘中的各个按键输入相互独立，每个按键单独连接一根 I/O 端口线。独立键盘接口电路如图 3-7 所示，4 个按键 K1～K4 分别连接到单片机的 P1.0～P1.3 引脚上。当无按键按下时，4 个 I/O 引脚通过上拉电阻连接到电源 V_{CC}，为高电平状态；当某一个按键按下时，对应的 I/O 引脚连接到 GND，变为低电平。因此，单片机通过直接读入 I/O 引脚的电平状态即可实现按键的判别，且各按键相互独立，判别时互不影响。

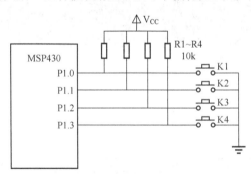

图 3-7 独立键盘接口电路

通常按键开关为机械弹性开关，在机械触点断开和闭合的瞬间，都会伴随着一连串的抖动，一般持续 5～10ms，如图 3-8 所示。单片机 CPU 的处理速度为微秒级，一次按键的闭合或释放可能造成单片机的多次响应，为了确保单片机对一次按键动作仅作一次处理，就需要"去抖"。

消除按键抖动的方法主要有硬件消抖和软件消抖两种。硬件消抖就是采用 RS 触发器、并联电容、专用去抖芯片等硬件去除抖动，可用于按键较少、实时性较高的场景；软件消抖则是采用软件延时的方法，通过避开抖动时间段，先后两次对按键状态进行检测并确认，具体来说，就是当 CPU 检测出按键状态变化后，先执行一个 10～20ms 的延时程序，等待抖动消失后再一次检测按键的状态，如两次检测状态相同，则确认按键进行一次动作。软件消抖的方法不需要增加硬件成本，但会降低 CPU 的使用效率。

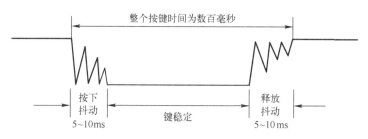

图 3-8　按键开关机械触点断开、闭合瞬间的电压抖动波形

独立按键识别的步骤如下。

1）判别是否有按键按下。

直接读取按键对应的 I/O 引脚上的电平状态，若全为 1，则说明没有按键按下；若不全为 1，则说明有按键按下。

以图 3-7 为例，首先通过方向控制寄存器 P1DIR 将 P1 口设置为输入（复位默认为输入），然后读取输入寄存器 P1IN 中 P1.0～P1.3 引脚上的电平状态，具体方法如下：

```
P1DIR=0x00;
if((P1IN&0x0F)!= 0x0F);    //读取 P1 口低 4 位各按键的状态，采用按位"与"屏蔽高 4 位，
                          //若其运算结果不为 0x0F，则说明低 4 位中有按键按下
```

2）按键去抖。

当判别有按键按下时，采用软件延时消除抖动。在延时 10ms 后，再次进行判别，如果确实有按键按下，则进一步判别具体按键，否则返回步骤（1）。

示例：

```
delayms(10);    //延时函数
```

3）确认按键位置，获取键值。

在确认有按键按下后，采用扫描的方法进一步判别具体按键，并获得对应的键值。

示例：

```
if((P1IN&0x0F)== 0x0E)
    keyvalue=1；    //K1 键按下，键值设为 1
if((P1IN&0x0F)== 0x0D)
    keyvalue=2；    //K2 键按下，键值设为 2
if((P1IN&0x0F)== 0x0B)
    keyvalue=3；    //K3 键按下，键值设为 3
if((P1IN&0x0F)== 0x07)
    keyvalue=4；    //K4 键按下，键值设为 4
```

4）执行按键处理程序。

根据按键的不同，执行相应的按键处理程序。

示例：

```
switch(keyvalue)
{
    case 1: ...;      //执行 K1 键处理程序，注："..."为按键处理程序
          break;
    case 2: ...;      //执行 K2 键处理程序
          break;
    case 3: ...;      //执行 K3 键处理程序
          break;
    case 4: ...;      //执行 K4 键处理程序
          break;
    default:          //无按键按下，不处理，跳出分支选择
          break;
}
```

【实验 3-3】 独立键盘按键编号显示。

实验要求：采用 MSP430G2553 单片机控制三个独立键盘按键，如果按下其中一个按键， 则 LED 数码管上显示对应的按键编号（1～3）。

（1）硬件电路设计

单片机的 P3 口与共阴极数码管相连，中间接入 330Ω的限流排阻，LED 数码管公共端接 GND，P2.0～P2.2 引脚分别连接三个按键开关，编号为1～3，硬件电路如图 3-9 所示。

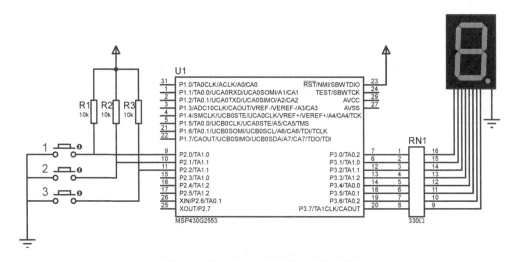

图 3-9　独立键盘按键编号显示电路图

在图 3-9 中，P2.0、P2.1、P2.2 三个引脚作为输入口使用，当按键断开时，I/O 引脚输入为高电平；当按键闭合时，I/O 引脚输入变为低电平。

（2）程序设计

```
#include <MSP430.h>
#define uchar unsigned char
#define uint unsigned int
uchar DSY_CODE[]= { 0x3f,0x06,0x5b,0x4f,0x66,0x6d,0x7d,0x07,0x7f,0x6f };
```

```
                                          //共阴极数码管 0～9 的段码
void delayms(uint t);                     //定义延时函数
uchar Readkey(void);                      //定义按键识别函数
void main()                               //主程序
  {
      uchar key;
      WDTCTL = WDTPW + WDTHOLD ;          //关闭"看门狗"
      P3DIR = 0xFF;                       //设置 P3 口为输出
      P3OUT = 0x00;
      P2DIR = 0x00;                       //设置 P2 口为输入
      while(1)
      {
          key = Readkey();
          switch(key)
          {
              case 1: P3OUT=DSY_CODE [1]; //显示按键"1"
                    break;
              case 2: P3OUT=DSY_CODE [2]; //显示按键"2"
                    break;
              case 3: P3OUT=DSY_CODE [3]; //显示按键"3"
                    break;
          }
      }
}
uchar Readkey(void)
{
      uchar keyvalue=0;
      if((P2IN&0x07)!= 0x07)              //判别有无按键按下
      {
          delayms(10);                    //延时去抖
          if((P2IN&0x07)!= 0x07)          //再次判别有无按键按下
          {
              if((P2IN&0x07)== 0x06)
                    keyvalue=1;           //按键"1"按下，键值设为 1
              if((P2IN&0x07)== 0x05)
                    keyvalue=2;           //按键"2"按下，键值设为 2
              if((P2IN&0x07)== 0x03)
                    keyvalue=3;           //按键"3"按下，键值设为 3
          }
      }
      return keyvalue;
}

 void delayms(uint t)                     //延时函数
{
      uchar i;
```

```
    while (t--)
        for(i=100;i>0;i--);          //延时 1ms
}
```

（3）仿真结果与分析

在 Proteus 原理图中，双击 MSP430G2553 单片机，设置 MCLK 的频率为 1MHz。在源代码区，对源程序进行编译，单击仿真运行按钮开始仿真。依次按下 1～3 号按键，可观察到数码管上的数字依次显示"1""2""3"，仿真结果如图 3-10 所示。

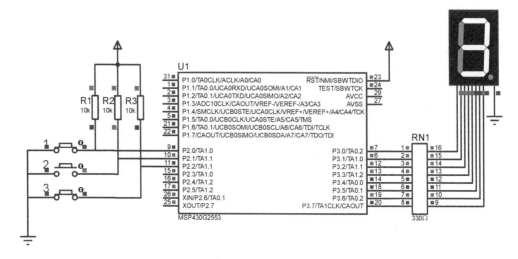

图 3-10　独立键盘按键编号显示仿真结果图

【实验 3-4】　独立键盘按键控制加减计数和实现清零功能。

实验要求：使用单片机控制三个独立键盘按键，分别实现加法计数、减法计数和清零功能，计数值采用 1 个数码管显示。每按一次加法或减法计数键，数字增加或减小 1，当数字增加到 9 或者减小到 0 时，数字不再变化；每按一次清零键，数字变为 0。

（1）硬件电路设计

硬件电路如图 3-9 所示，其中，按键 1 为加法计数键，按键 2 为减法计数键，按键 3 为清零键。

（2）程序设计

```
#include <MSP430.h>
#define uchar unsigned char
#define uint unsigned int
uchar DSY_CODE []= { 0x3f,0x06,0x5b,0x4f,0x66,0x6d,0x7d,0x07,0x7f,0x6f };
                                            //共阴极数码管 0～9 的段码
void delayms(uint t);            //定义延时函数
uchar Readkey(void);             //定义按键识别函数
void Keyprocess(uchar keyvalue); //按键处理程序
uchar count;                     //计数值
void main()                      //主程序
```

```
{
    uchar key;
    WDTCTL = WDTPW + WDTHOLD ;        //关闭"看门狗"
    P3DIR   = 0xFF;                   //设置 P3 口为输出
    P3OUT = 0x3F;                     //数码管初始显示为 0
    P2DIR   = 0x00;                   //设置 P2 口为输入
    while(1)
    {
        key = Readkey();             //读取按键
        if( key!=0 )
        {
            Keyprocess(key);         //按键程序处理
            P3OUT=DSY_CODE [count];  //数码管显示
        }
    }
}

uchar Readkey(void)
{
    uchar keyvalue=0;
    if((P2IN&0x07)!= 0x07)
    {
        delayms(10);
        if((P2IN&0x07)!= 0x07)
        {
            if((P2IN&0x07)== 0x06)
                keyvalue=1;          //1 号按键
            if((P2IN&0x07)== 0x05)
                keyvalue=2;          //2 号按键
            if((P2IN&0x07)== 0x03)
                keyvalue=3;          //3 号按键
            while ((P2IN&0x07)!= 0x07);  //等待按键释放
        }
    }
    return keyvalue;
}

void Keyprocess(uchar keyvalue)
{
    if (keyvalue==1)                 //加法计数处理
    {
        count++;
```

```
            if (count>9)
                count=9;
        }
        if (keyvalue==2)              //减法计数处理
        {
            if (count>0)
                count--;
        }
        if (keyvalue==3)              //清零处理
        {
            count=0;
        }
    }

    void delayms(uint t)              //延时函数
    {
        uchar i;
        while (t--)
            for(i=100;i>0;i--);       //延时 1ms
    }
```

（3）仿真结果与分析

在 Proteus 原理图中，双击 MSP430G2553 单片机，设置 MCLK 的频率为 1MHz。在源代码区，对源程序进行编译，单击仿真运行按钮开始仿真。数码管上的初始数字显示为 0，每按下 1 号按键，可观察到数码管上显示的数字增 1，当数字增加到 9 时，将保持不变；而每按下 2 号按键，数码管上显示的数字减 1，当数字减至 0 时，将保持不变。当按下 3 号按键时，数码管显示为 0。仿真结果如图 3-11 所示。

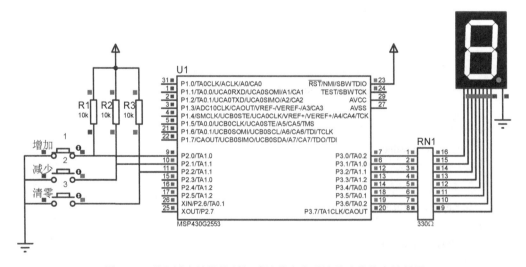

图 3-11　独立键盘按键控制加减计数和实现清零功能仿真结果图

按键重复识别是键盘应用系统中需要注意的问题。由于一次按键时间通常超过 100ms，如果只判断有按键按下就立即返回键值，那么可能导致一次按键得到多个相同的键值，从而造成多次按键的假象。如果要实现一次按键只返回一个键值，那么等待按键弹起后再返回键值即可。因此，可在程序中添加如下键释放语句。

　　　　while((P2IN&0x07) !=0x07);　　//等待键释放

如果该实验中去除键释放语句，那么，在仿真时，会发现每按一次计数按键，数值显示与之并不对应。用户可以通过 Proteus 仿真，观察此实验中有无按键释放的对比结果。

3.5.2　矩阵键盘

矩阵键盘由行线和列线组成，各按键位于行线和列线的结点处，从而形成一个按键个数为"行×列"的矩阵。以 4×4 的矩阵键盘为例，它由 4 根行线和 4 根列线构成了具有 16 个按键的键盘，只需要占用单片机一个 8 位的 I/O 端口，其原理图如图 3-12 所示。当没有按键按下时，矩阵的行线、列线不连通；当有按键按下时，对应按键的行线、列线才连通。

矩阵键盘按键识别通常采用行扫描法，其工作步骤如下。

1）判别是否有按键按下。

先将 4 根行线全部输出为 0，再读取 4 根列线的状态。若列线全为 1，则表示没有按键按下；若列线不全为 1，则说明有按键按下。

2）按键去抖。

当判别有按键按下时，采用软件延时的方法消除抖动。在延时约 10ms 后，再次进行判别，如确实有按键按下，则进一步判别具体按键，否则返回步骤 1）。

3）确认按键位置，获取键值。

行扫描法是指先将行线逐行置 0，再读取列线的状态。当某一行线输出为 0 时，如果该行线上有按键按下，在对应按键的列线上将会读取到"0"，那么该列线与行线交叉点上的按键就是闭合按键。

4）执行按键处理程序。

矩阵键盘按键扫描识别流程如图 3-13 所示。

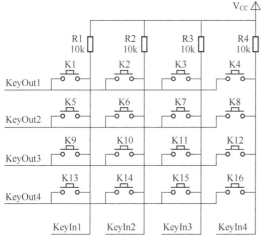

图 3-12　矩阵键盘原理图

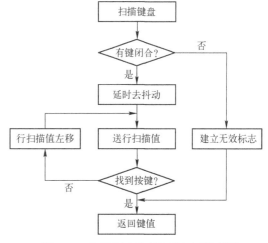

图 3-13　矩阵键盘按键扫描识别流程图

当单片机系统面临各项工作任务时，需要考虑如何兼顾键盘按键的扫描识别问题。键盘按键的扫描方式主要分为三种：查询扫描、定时扫描和中断扫描。

查询扫描就是利用单片机空闲时间，调用按键扫描函数，反复扫描键盘，从而识别按键输入。该方式中的按键处理程序和主程序一起构成循环，其按键扫描的时间间隔取决于主程序的执行环境。当主程序执行时间超过一次按键输入的时间（通常为 100ms）时，可能会出现按键输入漏判的现象，因此，查询扫描方式效率较低。

定时扫描就是利用单片机内部的定时器产生定时中断，每隔一定的时间对键盘扫描一次。CPU 每次响应定时中断，会进入定时中断子程序执行一次按键扫描函数，而在其余时间，CPU 可以处理其他事务。定时扫描方式有效地提高了 CPU 的效率，也基本避免了按键漏判或按键响应不及时的问题。

中断扫描是指利用单片机的外部中断，当有按键按下时，立刻向 CPU 发出中断请求，CPU 响应中断，并对按键进行扫描、识别和处理；当没有按键按下时，CPU 可以处理其他事务。中断扫描方式的优点是实时性强、效率高。

当单片机工作任务简单时，可采用查询扫描方式进行键盘扫描，如实验 3-5。

【实验 3-5】 矩阵键盘按键编号显示。

实验要求：将 4×4 的矩阵键盘进行编号（0～F），当按下任一按键时，LED 数码管上显示对应的按键编号。

（1）硬件电路设计

单片机的 P1 口作为矩阵键盘的接口，其中 P2.0～P2.3 为 4×4 矩阵键盘的行线，作为输出；P2.4～P2.7 为 4×4 矩阵键盘的列线，作为输入。16 个按键的编号范围为 0～F。LED 数码管采用 1 个 8 段共阴极数码管，公共端接 GND，P0 口作为段码输出，排阻 RN1 为限流电阻。硬件电路如图 3-14 所示。

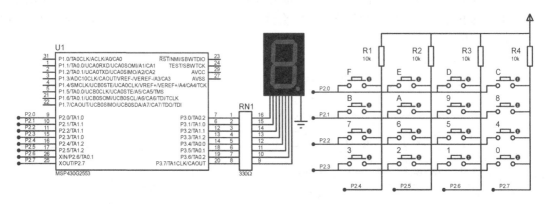

图 3-14　矩阵键盘按键编号显示电路图

（2）程序设计

```
#include <MSP430.h>
#define uchar unsigned char
#define uint unsigned int
uchar DSY_CODE[]= { 0x3f,0x06,0x5b,0x4f,0x66,0x6d,0x7d,0x07,0x7f,0x6f,
                    0x77,0x7c,0x39,0x5e,0x79,0x71};        //共阴极数码管 0～F 的段码
```

```
void delayms(uint t);                         //定义延时函数
uchar Keyscan(void);                          //定义按键扫描函数
void main()                                   //主程序
  {
      uchar key;
      WDTCTL = WDTPW + WDTHOLD ;              //关闭"看门狗"
      P3DIR   = 0xFF;                         //设置 P3 口为输出
      P3OUT = 0x00;
      P2DIR   = 0x0F;                         //P2.0~P2.3 设为输出，P2.4~P2.7 设为输入
      while(1)
      {
          key = Keyscan();                    //获取按键值，没有按键，则返回 0xFF
          if(key!=0xFF)
          {
              P3OUT=DSY_CODE[key];            //显示按键值
          }
      }
}
uchar Keyscan(void)
{
      uchar num,col,temp,temp1;
      P2OUT = 0xF0;                           //行线输出全为 0
      if((P2IN&0xF0) != 0xF0)                 //判断有无按键按下
        {
          delayms(10);                        //延时消抖
          if((P2IN&0xF0) != 0xF0)             //再次判断有无按键按下
          {
              temp = 0x08;
              for(col = 0;col < 4;col++)      //行扫描
              {
                  P2OUT=0xFF-temp;            //P2.3、P2.2、P2.1、P2.0 依次输出为 0
                  temp>>=1;
                  if((P2IN&0xF0) !=0xF0)      //读取列线状态
                  {
                      temp1 = (P2IN&0xF0);    //保留 P1 口的高四位
                      switch(temp1)           //判别具体按键
                      {
                        case 0x70:    num=0+4*col;break;
                        case 0xB0:    num=1+4*col;break;
                        case 0xD0:    num=2+4*col;break;
                        case 0xE0:    num=3+4*col;break;
                        default:      num=0xFF;
                      }
                      while((P2IN&0xF0) !=0xF0);        //等待键释放
                      return num;              //返回键值
                  }
              }
          }
```

```
            }
        }
        return 0xFF;                    //没有按键按下，返回 0xFF
    }
     void delayms(uint t)               //延时函数
    {
        uchar i;
        while (t--)
           for(i=100;i>0;i--);          //延时 1ms
    }
```

（3）仿真结果与分析

在 Proteus 原理图中，双击 MSP430G2553 单片机，设置 MCLK 的频率为 1MHz。在源代码区，对源程序进行编译，单击仿真运行按钮开始仿真。当用户随机按下键盘中的某个按键时，可观察到数码管上显示对应的按键编号（0~F），仿真结果如图 3-15 所示。

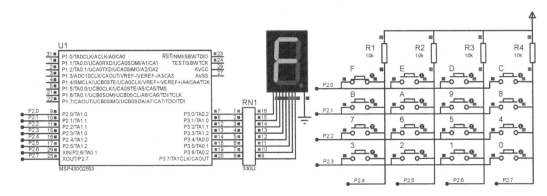

图 3-15　矩阵键盘按键编号显示仿真结果图

思考与练习

1. 简述 MSP430 单片机 I/O 端口的特点。

2. 简述 MSP430 单片机 I/O 端口的驱动能力，列举常见的提高 I/O 端口驱动能力的措施。

3. 如何初始化 I/O 端口的输入/输出方向？

4. 说明引脚上拉电阻和下拉电阻的作用，如何选择上下拉电阻？

5. 数码管静态显示和动态显示各有什么特点？分别用在什么场合？

6. 如何利用 I/O 端口驱动数码管，从 0~9 循环显示？

7. 简述独立键盘和矩阵键盘的优缺点，以及各自的适用场合。

8. 简述按键出现抖动的原因以及消除抖动的常用方法。

9. 设计一个数字时钟，采用 6 位数码管分别显示时、分、秒。

10. 设计一个花样流水灯控制系统，要求利用按键开关，控制流水灯的开始、暂停、模式切换和停止。

第4章　MSP430单片机中断系统

中断系统是单片机内部的重要组成部分，它的应用可以使单片机及时处理一些紧急程度更高的突发事件，以提高单片机的实时处理与故障响应能力。在单片机与外设进行数据交换的过程中，中断系统能够提高 CPU 的工作效率。MSP430 单片机有完善的中断系统，中断资源丰富。当 CPU 空闲时，单片机处于低功耗模式，中断事件发生时将唤醒 CPU，待 CPU 处理完后，再次进入低功耗状态。本章首先介绍中断系统的基本概念，然后介绍 MSP430 单片机的中断源、中断处理过程，以及中断服务函数，最后结合 Proteus 仿真实验介绍中断系统的应用。

4.1　中断系统基本概念

1. 中断与中断系统

中断是指 CPU 在正常运行程序时，由于内部或外部发生了某个事件，需要 CPU 暂时中止正在执行的程序，转去执行该事件的处理程序，待处理完毕后，再返回中断的地方继续执行原程序的过程。能够实现中断功能的软硬件系统称为中断系统。

中断处理过程如图 4-1 所示。其中，中断源向 CPU 提出处理的请求称为中断请求，CPU 执行现行程序被中断的地方称为"断点"，CPU 接受中断申请并暂停现行程序转去响应中断请求的过程称为中断响应，处理中断源的程序称为中断服务程序，执行完中断服务程序后返回断点处继续执行主程序称为中断返回。

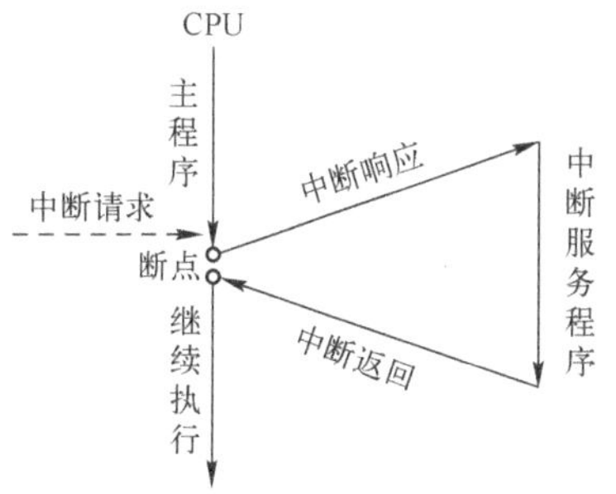

图 4-1　中断处理过程示意图

2. 中断源

能够引起中断的事件或发出中断请求的信号源称为中断源。通常，根据触发中断的信号是来自外部引脚还是来自单片机内部，将中断源分为外部中断源和内部中断源两大类。外部中断通常由复位引脚、I/O 引脚等触发，内部中断则由定时器、串行通信等触发。

3. 中断向量

中断服务程序的入口地址称为中断向量。各中断服务程序的中断向量是固定的，当中断请求被响应时，CPU 会根据中断源的中断向量找到中断服务程序的入口地址，进而执行相应的程序。为了便于 CPU 查找，中断向量按照一定规律集中存放在存储器的特定区域，该区域称为"中断向量表"。

MSP430G2553 单片机共有 13 个中断向量，中断向量表位于 ROM 中 0FFFFH~0FFC0H 的连续区域，其中，每个中断向量分配 4 个连续的字节单元。表 4-1 给出了 MSP430G2553 单片机的中断向量表。

表 4-1   MSP430G2553 单片机中断向量表

中断源	中断标志	系统中断	字地址	优先级
加电 外部复位 "看门狗"定时器+ 违反闪存密钥	PORIFG RSTIFG WDTIFG KEYV	复位	0FFFEH	31，最高
NMI 振荡器故障 闪存内存访问冲突	NMIIFG OFIFG ACCVIFG	（不）可屏蔽 （不）可屏蔽 （不）可屏蔽	0FFFCH	30
Timer1_A3	TA1CCR0 CCIFG	可屏蔽	0FFFAH	29
Timer1_A3	TA1CCR1 CCIFG TA1CCR2 CCIFG TAIFG	可屏蔽	0FFF8H	28
比较器_A+	CAIFG	可屏蔽	0FFF6H	27
"看门狗"定时器+	WDTIFG	可屏蔽	0FFF4H	26
Timer0_A3	TA0CCR0 CCIFG	可屏蔽	0FFF2H	25
Timer0_A3	TA0CCR1 CCIFG TA0CCR2 CCIFG TAIFG	可屏蔽	0FFF0H	24
USCI_A0/ USCI_B0 接收 USCI_B0 I^2C 状态	UCA0RXIFG、UCB0RXIFG	可屏蔽	0FFEEH	23
USCI_A0/ USCI_B0 发送 USCI_B0 I^2C 收/发	UCA0TXIFG、UCB0TXIFG	可屏蔽	0FFECH	22
ADC10 （仅限 MSP430G2x53）	ADC10UFG	可屏蔽	0FFEAH	21
保留	保留		0FFE8H	20
I/O 端口 P2	P2IFG.0～P2IFG.7	可屏蔽	0FFE6H	19
I/O 端口 P1	P1IFG.0～P1IFG.7	可屏蔽	0FFE4H	18

说明：（不）可屏蔽是指，独立的中断启用位能禁止一个中断事件，但通用型中断启用则不能。

由表 4-1 可见，有的中断向量只对应一个中断源，有的中断向量被多个中断源共用。根据中断源是否共有中断向量，可将中断分为单源中断和多源中断。单源中断是指一个中断源独占一个中断向量，而多源中断是指多个中断源共用一个中断向量。例如，I/O 端口的 P1 口共有 8 个引脚，每个引脚都是一个中断源，却对应同一个中断向量。因此，为了区别不同的中断源，单片机为每个中断源设置了一个中断标志位，通过检测中断标志位可以完成中断源的定位。

4．中断优先级

单片机中存在多个中断源，为了能够及时响应并处理所有中断，单片机系统需要设定中断响应的先后顺序，即中断优先级。MSP430 单片机中断的优先级是固定的，取决于该模块在连接链中的排序。越靠近 CPU/NMIRS 端，模块的中断优先级越高；反之，模块的中断优先级越低。处理中断优先级的原则是先高级中断，后低级中断。因此，当多个中断源同时发生中断请求时，优先级高的中断会优先响应。

5．中断嵌套

当单片机正在响应某一中断时，若有优先级高的中断源发出中断请求，那么 CPU 会去响应并处理高优先级中断，待处理完毕后，再继续执行原中断服务程序，该过程称为中断嵌套。在中断响应后，系统会自动清除总中断允许标志位 GIE，也就是关闭总中断，不再响应其他中断。因此，在默认情况下，MSP430 单片机是不允许中断嵌套的。如果要实现中断嵌套，则需要在中断服务程序中加入语句：_EINT()，即开放总中断。

6．断点和中断现场

在中断处理中，由于中断服务程序执行完后仍要返回主程序暂停的地方（即断点），且 CPU 执行中断服务程序时可能会使用和改变主程序使用过的寄存器、标志位，甚至内存单元，因此，在执行中断服务程序之前，首先需要将主程序中的断点地址（即程序计数器（PC）的值）保存，称为断点保护；其次，需要将相关数据保护起来，称为现场保护。当 CPU 执行完中断服务程序后，再恢复程序计数器的值和原来的数据，即断点恢复和现场恢复。断点的保护和恢复操作是由单片机内部硬件自动实现的，而中断现场的保护和恢复是用户在设计中断服务程序时编程实现的。因此，在使用中断时，需要注意中断现场的保护和恢复。

4.2　MSP430 单片机中断源

MSP430 单片机包含 3 类中断源：系统复位中断源、可屏蔽中断源和不可屏蔽中断源，其中断源结构如图 4-2 所示。

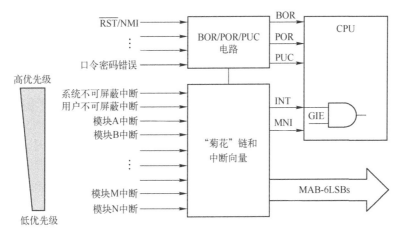

图 4-2　MSP430 单片机中断源结构

1．系统复位中断源

系统复位中断由触发系统复位的中断源产生，它不受总中断允许位控制，优先级最高，为不可屏蔽中断。

触发中断由触发系统复位的中断源通常有：①系统上电；②系统复位，$\overline{RST}$/NMI 引脚为低电平；③"看门狗"定时溢出；④"看门狗"密码错误；⑤Flash 操作密钥错误；⑥PC 值超出指定范围。上述 6 种情况均能产生复位信号（POR 或 PUC），从而触发系统复位中断。

2．可屏蔽中断源（INT）

可屏蔽中断是由具有中断能力的外设模块触发产生的，如"看门狗"、定时器、I/O 端口、ADC、串行口等。每一个可屏蔽中断源由总中断允许控制位（GIE）和各模块的中断使能位共同控制，当 GIE 为 1 时，可屏蔽中断允许；当 GIE 为 0 时，可屏蔽中断禁止。大部分外设模块的中断使能位在模块相关的寄存器中，如 P1 和 P2 口的中断使能位是通过中断允许寄存器 PxIE 进行设置的，参见 3.2 节；还有一些片上外设的中断使能位在中断使能控制寄存器（IE1 和 IE2）中，如"看门狗"定时器中断使能位（WEDTIE）在中断使能控制寄存器 IE1 中，部分串行口收发中断使能位（UCB0TXIE、UCB0RXIE、UCA0TXIE、UCA0RXIE）在中断使能控制寄存器 IE2 中。

中断使能控制寄存器 IE1 的定义见表 4-2。

表 4-2　中断使能控制寄存器 IE1 定义

7	6	5	4	3	2	1	0
		ACCVIE[①]	NMIIE[②]			OFIE[③]	WDTIE[④]

① ACCVIE：闪存访问冲突中断使能位，0 表示中断禁止，1 表示中断使能。
② NMIIE：NMI 中断使能位，0 表示中断禁止，1 表示中断使能。
③ OFIE：振荡器故障中断使能位，0 表示中断禁止，1 表示中断使能。
④ WDTIE："看门狗"中断使能位，0 表示中断禁止，1 表示中断使能。

若 CPU 处于某种低功耗模式且 GIE 为 0，则可屏蔽中断，不会唤醒 CPU，程序将不被执行。因此，若需要在某种低功耗模式下响应可屏蔽中断，则可采用以下语句进入低功耗模式，且置 GIE 为 1。

    __bis_SR_register(LPM3_bits + GIE); //CPU 进入 LPM3 低功耗模式并且中断使能

3．不可屏蔽中断源（NMI）

不可屏蔽中断不由总中断允许控制位控制，但可以被各模块的中断使能位控制。在 MSP430G2553 单片机中，不可屏蔽中断源共有三种：$\overline{\text{RST}}$/NMI 引脚边沿触发（NMI 模式）、振荡器故障和 Flash 访问出错。对应的中断使能控制位分别是 NMIIE、OFIE 和 ACCVIE，均在中断使能控制寄存器 IE1 中。当对应的使能位设置为 1 时，便能触发不可屏蔽中断。

由于上述三个中断源具有相同的中断入口地址（0FFFCH），因此系统可根据中断标志位判别实际中断源。

4.3　中断处理过程

中断的应用可以提高单片机与外设交互的高效性，了解中断的整个处理过程有助于用户灵活应用单片机的中断功能。中断的整个过程一般包括中断请求、中断响应、中断服务和中断返回四个步骤。

1．中断请求

中断需要中断源发出中断请求，且 CPU 允许响应后才会发生。因此，在使用中断前，需要对中断进行初始化设置，包括清除中断标志位、开启总中断允许控制位、开启模块中断使能位。只有中断初始化设置完成后，中断请求信号才能被送入 CPU，以等待 CPU 响应。

2．中断响应

中断响应是指从 CPU 接收一个中断请求开始至执行第一条中断服务程序指令结束，具体包括以下过程。

1）执行完当前指令。

2）保护断点：将程序计数器（PC）压入堆栈，PC 指向下一条指令。

3）保护现场：将状态寄存器（SR）压入堆栈，以保存当前程序执行的状态。

4）判别优先级：当多个中断源同时提出中断请求时，CPU 对中断标志位进行判别，选择中断优先级最高的中断源进行响应。

5）清除中断请求标志位：当单源中断请求得到响应后，单片机内部会自动将中断请求标志位清零，以防再次触发中断；对于多源中断，用户需要在中断服务程序中对标志位进行软件清零。

6）清除状态寄存器：清除 SR 中所有位，包括 GIE、CPUOFF、OSCOFF 等，所有可屏蔽中断被禁止。若允许中断嵌套，则需要将 GIE 置 1。

7）确定中断向量：从中断向量表中查找对应的中断服务入口地址，加载给程序计数器，转去执行中断服务程序。

3．中断服务

中断服务是指 CPU 执行中断服务程序的过程。中断服务程序是由用户根据应用需求编写的程序。为了提高中断处理的效率，中断服务程序应该遵守短而有效的原则。

4．中断返回

当中断服务程序执行完毕后，需要返回到主程序断点处继续执行接下来的程序。中断返回具体包括以下过程。

1）恢复现场：从堆栈中弹出之前保存的状态寄存器的值，并将它赋值给 SR。

2）恢复断点：从堆栈中弹出之前保存的程序计数器的值，并将它赋值给 PC。

3）继续执行被中断程序。

4.4　中断服务函数

与普通自定义函数相比，中断服务函数是一个特殊函数，因为它没有输入参数和返回值，不能被其他函数调用。中断服务函数具有固定的定义格式，如下：

```
#pragma vector=中断向量名        //指定中断向量
__interrupt void 函数名（void）    //定义中断服务函数
{
        …                        //中断服务函数主体
}
```

在中断服务程序中，首先需要指定一个中断向量名，以便系统可以寻找到中断服务程序的入口地址。中断向量名由系统默认符号#pragma 标明，每一个中断源都有与之对应的中断向量名，用户应根据中断源的不同，确定其中断向量名；然后，中断服务函数的关键字指定为__interrupt，用来标识该函数为中断服务函数。中断服务函数名可以由用户自定义，以字母或下画线开头。

中断向量名通常在头文件中以宏定义形式给出，字母大写且以_VECTOR 结尾。不同中断源的中断向量名可以从单片机相应型号的头文件中查找。表 4-3 为 MSP430G2553 头文件中定义的中断向量。

表 4-3   MSP430G2553 单片机的中断向量

中断向量	中断类型	说　明
PORT1_VECTOR	共源中断	P1 口的中断向量
PORT2_VECTOR	共源中断	P2 口的中断向量
ADC10_VECTOR	单源中断	ADC10 的中断向量
USCIAB0TX_VECTOR	共源中断	USCI A0/B0 发送的中断向量
USCIAB0RX_VECTOR	共源中断	USCI A0/B0 接收的中断向量
TIMER0_A1_VECTOR	共源中断	Timer0_A CC1，TA0 的中断向量
TIMER0_A0_VECTOR	单源中断	Timer0_A CC0 的中断向量
WDT_VECTOR	单源中断	WDT 的中断向量
COMPARATORA_VECTOR	单源中断	COMPARATORA 的中断向量
TIMER1_A1_VECTOR	共源中断	Timer1_A CC1～CC4，TA1 的中断向量
TIMER1_A0_VECTOR	单源中断	Timer1_A CC0 的中断向量
NMI_VECTOR	共源中断	非屏蔽中断的中断向量
RESET_VECTOR	共源中断	系统复位的中断向量

由表 4-3 可见，MSP430G2553 单片机中的中断源较多，既有单源中断，又有多源中断。在单源中断中，一个向量只对应一个中断源，不存在确定中断源的问题；而对于多源中断，则需要通过进一步查询中断标志位来识别中断源。

【例 4-1】 当 P2.0 和 P2.1 发生中断时，P2.4 和 P2.5 分别输出高电平。中断服务程序设计如下：

```
#pragma vector=PORT1_VECTOR
__interrupt void PORT1_LED(void)          //声明一个中断服务函数
{
  if (P2IFG & BIT0 )
  {
    P2OUT=BIT4；                          //P2.4 输出高电平
  }
  if (P2IFG & BIT1 )
  {
    P2OUT=BIT5；                          //P2.5 输出高电平
  }
  P2IFG=0；                               //清除 P2 口所有中断标志位
}
```

4.5 外部中断 Proteus 仿真实验

【实验 4-1】 使用按键外部中断方式控制 LED 的亮灭状态。

实验要求：利用中断方式检测按键开关 K1 是否被按下。每按一次按键，两个 LED 交换亮灭状态。

（1）硬件电路设计

单片机的 P2.0 引脚连接按键开关 K1，P1.0 和 P1.1 引脚分别连接 LED1 与 LED2，硬件电路如图 4-3 所示。

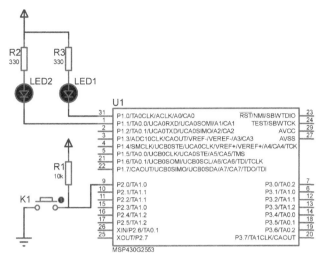

图 4-3　按键控制 LED 亮灭电路图

（2）程序设计

```
#include <MSP430.h>
#define uint unsigned int
void main()                              //主程序
 {
     WDTCTL = WDTPW + WDTHOLD ;          //关闭"看门狗"
     P1DIR    |= BIT0+BIT1;              //设置 P1.0 和 P1.1 为输出
     P1OUT |= BIT0;                      //LED1 初始状态为灭
     P1OUT &= ~BIT1;                     //LED2 初始状态为亮
     P2DIR &= ~BIT0;                     //设置 P2.0 为输入（可省略）
     P2IES |= BIT0;                      //P2.0 下降沿触发
     P2IFG &= ~BIT0;                     //清除 P2.0 中断标志位
     P2IE |= BIT0;                       //P2.0 中断使能
     __bis_SR_register(LPM3_bits + GIE); //进入 LPM3 并使能总中断
}

#pragma vector=PORT2_VECTOR
__interrupt void PORT2_ISR(void)         //声明一个中断服务函数
{
    uint Key=0;
    Key = P2IFG & (~P2DIR);              //锁定中断标志位
    __delay_cycles(10000);              //延时消抖
    if ((P2IN & Key) ==0 )               //确认按键按下
    {
        if(Key==BIT0)                    //不用 P2IN 判断，确保只有一个按键响应
        {
            P1OUT ^=BIT0;                //改变 LED 状态
            P1OUT ^=BIT1;
        }
    }
    P2IFG &= ~BIT0;                      //清除 P2.0 中断标志位
}
```

说明： 在上述程序中，"Key=P2IFG& (~P2DIR)"语句采用按位"与"排除了输出口的影响，且 Key 的值来源于 P2IFG，有且只有 1 个"1"。"(P2IN & Key)==0"语句通过读取按键电平和中断标志位来识别按键。由于按键按下和弹起都会触发中断，因此，当按键按下时，按键电平为 0，而标志位为 1，满足判别条件；而当按键弹起时，按键电平为 1，不满足判别条件。上述程序采用延时函数__delay_cycles()来实现按键消抖处理。由于中断中采用软件延时的效率不高，因此，为了进一步提高中断的处理效率，可考虑利用定时器实现按键扫描（定时器详见第 5 章）。

（3）仿真结果与分析

在 Proteus 原理图中，双击 MSP430G2553 单片机，设置 MCLK 的频率为 1MHz。在源代码区，对源程序进行编译，单击仿真运行按钮，可观察到每按一次按键开关 K1，两个 LED 亮灭状态进行一次交替，仿真结果如图 4-4 所示。

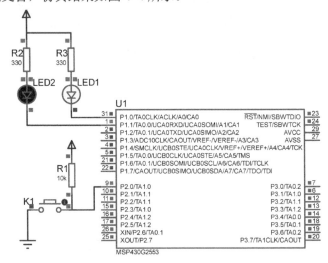

图 4-4　按键控制 LED 亮灭仿真结果图

思考与练习

1．什么是中断？什么是中断系统？

2．什么是中断源？MSP430 单片机有哪些中断源？

3．什么是单源中断？什么是多源中断？

4．对于多源中断，如何正确识别触发中断的中断源？

5．简述 MSP430 单片机的中断处理过程。

6．MSP430 单片机是如何设定中断优先级的？

7．中断服务函数有哪些特点？

8．MSP430G2 系列单片机哪些端口具有中断功能？

9．MSP430G2 系列单片机中，与中断有关的 I/O 端口寄存器有哪些？

10．结合外部中断仿真实验，简述 I/O 端口用作输入时，若采用外部中断方式，需要进行哪些初始化设置？

11．设计一个按键计数系统，要求采用外部中断进行按键控制，计数结果通过 2 位数码管显示。

第5章 MSP430 单片机定时器

定时器模块是 MSP430 单片机内部的重要组成部分，在单片机应用系统中有着广泛的应用，它既可以用来实现定时控制、延时、频率测量、脉宽测量和信号产生等，又可用来产生中断信号以实现程序的切换，从而满足多任务操作的需求，还可以用作串行通信中的波特率发生器。

MSP430G2553 单片机内部集成了两类定时器，分别是定时器 A（Timer_A）和"看门狗"定时器（WDT）。不同型号单片机的定时器资源略有差异，有的 MSP430 单片机中还含有定时器 B（Timer_B）、基本定时器（Basic Timer1）、实时时钟（RTC）等资源。这些定时器模块除都能实现定时功能以外，还各有特定的用途。

- "看门狗"定时器：基本定时，当程序发生错误时，使受控系统重新启动。
- 定时器 A：基本定时，支持同时进行的多种时序控制、多个捕获/比较功能和多种输出波形（如脉冲宽度调制（Pulse Width Modulation，PWM）），可以硬件方式支持串行通信。
- 定时器 B：基本定时，功能基本同定时器 A，但比定时器 A 更灵活，功能更强大。
- 基本定时器：基本定时，支持软件和各种外设模块工作在低频率、低功耗条件下。
- 实时时钟：基本定时、日历功能。

本章重点讲解定时器 A 和"看门狗"定时器的结构与原理，并结合 Proteus 仿真实验介绍定时器在单片机系统中的应用。

5.1 定时器 A

定时器 A 由一个 16 位的定时器/计数器（Timer Block）和多个捕获/比较模块（CCRx）构成，具有定时、捕获/比较和 PWM 输出等功能，应用灵活，用途广泛。MSP430G2553 单片机中共有两个定时器 A，分别记为 TA0 和 TA1。

定时器 A 有以下主要特性。

- 具有 16 位计数器，4 种计数工作模式。
- 具有多种可选的计数时钟源：低速时钟 ACLK、高速时钟 SMCLK 和外部时钟。
- 具有多个可配置输入端的捕获/比较寄存器。
- 支持多时序控制、多个捕获/比较功能和多种输出波形（PWM）。
- 具有中断服务功能：当定时时间到或满足捕获/比较条件时，触发定时器 A 中断。
- 具有 8 种输出方式的多个可配置输出单元。

5.1.1 定时器 A 的结构

MSP430G2553 单片机的定时器 A 的结构如图 5-1 所示，它主要包括两个部分：主计数器模块和捕获/比较模块。

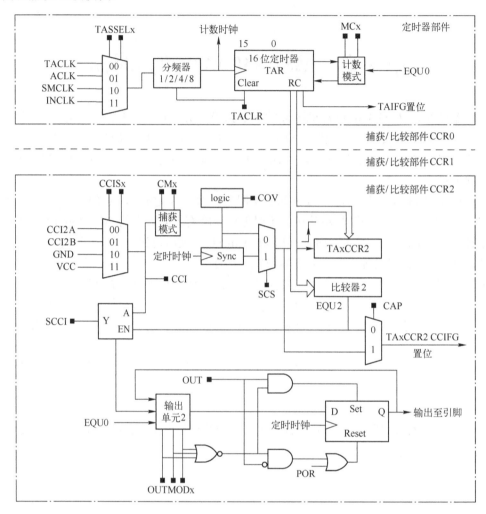

图 5-1　定时器 A 的结构示意图

（1）主计数器模块

主计数器模块用来实现定时、计数。该模块包括时钟源的选择、分频、计数模式控制和计数/定时等功能，其核心是一个 16 位的计数寄存器（TAxR）（x=0,1），它对输入的时钟脉冲进行计数，由于时钟频率确定，因此根据计数值就能实现准确的定时功能。输入的时钟源具有 4 种选择，分别为外部引脚输入时钟 TACLK、辅助时钟 ACLK、子系统时钟 SMCLK 和 INCLK（TACLK 反向信号），时钟源由 TASSELx 控制位选取确定。在确定好时钟源后，可以通过分频系数控制位 IDx 选取 1、2、4 或 8 分频作为计数频率。计数器具有停止计数、连续计数、增计数和增/减计数四种工作模式，由 MCx 控制位选择确定计数器当前工作模式。当计数器计满时，会产生定时器溢出中断请求信号，并将中断标志位 TAIFG 置 1，向 CPU 发出中断请求，从而灵活地完成定时/计数功能。

（2）捕获/比较模块

捕获/比较模块是主计数器模块的功能扩展，与 16 位主计数器配合使用，可以用来捕获事件发生的时间或产生定时间隔。定时器 A 模块中有 3 个捕获/比较模块，每个模块按结构可进一步划分为捕获单元、比较单元和输出单元三个部分。在捕获模式下，通过输入引脚的电平跳变触发捕获电路，此刻硬件会自动将计数寄存器 TAxR 的值自动保存到捕获/比较寄存器 TAxCCRn 中（n=0,1,2）。该模式通常用于测量频率、周期、脉宽、占空比等精确时间量的场合。在比较模式下，比较器将捕获/比较寄存器 TAxCCRn 和当前计数寄存器 TAxR 的值进行比较，一旦相等，则触发 EQUn 信号。EQUn 信号根据不同的输出模式触发输出逻辑，通过输出单元产生各种输出信号。每个输出单元具有可选的 8 种输出模式，支持脉宽调制信号（PWM 信号）输出。捕获/比较功能的引入提高了 I/O 端口处理事件的能力和速度，使定时器的功能变得更加强大。

5.1.2　定时器 A 相关寄存器

对定时器 A 的操作是通过该模块的寄存器实现的。定时器 A 有丰富的寄存器资源供用户使用，相关寄存器共有 9 个，见表 5-1（x=0,1）。

表 5-1　定时器 A 相关寄存器（含 3 个捕获/比较寄存器）

寄存器	缩　写	类　型	地　址	初始状态
Timer_A 控制寄存器	TAxCTL	读/写	0160H	POR 复位
Timer_A 计数寄存器	TAxR	读/写	0170H	POR 复位
Timer_A 捕获/比较控制寄存器 0	TAxCCTL0	读/写	0162H	POR 复位
Timer_A 捕获/比较寄存器 0	TAxCCR0	读/写	0172H	POR 复位
Timer_A 捕获/比较控制寄存器 1	TAxCCTL1	读/写	0164H	POR 复位
Timer_A 捕获/比较寄存器 1	TAxCCR1	读/写	0174H	POR 复位
Timer_A 捕获/比较控制寄存器 2	TAxCCTL2	读/写	0166H	POR 复位
Timer_A 捕获/比较寄存器 2	TAxCCR2	读/写	0176H	POR 复位
Timer_A 中断向量寄存器	TAxIV	只读	012EH	POR 复位

1．Timer_A 控制寄存器 TAxCTL

计数器模块的相关设置由控制 Timer_A 控制寄存器 TAxCTL 实现。TAxCTL 为 16 位寄存器，其中 9 位用于定时器 A 的控制位。TAxCTL 的定义见表 5-2。

表 5-2　TAxCTL

15～10	9	8	7	6	5	4	3	2	1	0
未用	TASSELx		IDx		MCx		未用	TACLR	TAIE	TAIFG

TASSELx：定时器 A 时钟源选择位，定义见表 5-3。

表 5-3　定时器 A 时钟源选择

TASSEL1	TASSEL0	时钟源	说明	宏定义
0	0	TACLK	外部引脚输入时钟（默认）	TASSEL_0
0	1	ACLK	辅助时钟	TASSEL_1
1	0	SMCLK	子系统时钟	TASSEL_2
1	1	INCLK	TACLK 反相信号	TASSEL_3

IDx：输入分频系数选择位，定义见表 5-4。

表 5-4　定时器 A 分频系数选择

ID1	ID0	分频系数	说明	宏定义
0	0	1	无分频（默认）	ID_0
0	1	/2	2 分频	ID_1
1	0	/4	4 分频	ID_2
1	1	/8	8 分频	ID_3

MCx：定时器 A 工作模式选择位，定义见表 5-5。

表 5-5　定时器 A 工作模式选择

MC1	MC 0	模式选择	说明	宏定义
0	0	停止模式	定时器 A 暂停计数（默认）	MC_0
0	1	增计数模式	重复从 0 增计数到 TAxCCR0	MC_1
1	0	连续计数模式	重复从 0 增计数到 FFFFH	MC_2
1	1	增/减计数模式	重复从 0 增计数到 TAxCCR0，再减计数到 0	MC_3

TACLR：定时器 A 清除位。该位置 1 时，计数寄存器 TAxR 清零、分频系数清零、计数模式为增计数模式。TACLR 由硬件复位，读取值始终为 0。

TAIE：定时器 A 中断使能控制位，允许定时器 A 溢出时产生中断。

0——禁止定时器溢出中断（默认）。

1——允许定时器溢出中断。

TAIFG：定时器 A 中断标志位，定时器 A 溢出时，该位置 1。注意，在不同的工作模式下，置位条件不一样。

0——无中断发生（默认）。

1——有中断发生。

2．Timer_A 计数寄存器 TAxR

TAxR 为 16 位计数器，是执行计数的单元，内容可读可写。

3．Timer_A 捕获/比较控制寄存器 TAxCCTLn

定时器 A 内部含有 3 个捕获/比较模块，每个模块的设置通过相应的 Timer_A 捕获比较控制寄存器 TAxCCTLn（n=0,1,2）实现。该寄存器在出现 POR 信号后全部复位，但在出现 PUC 信号后不受影响。

TAxCCTLn 的定义见表 5-6。

表 5-6　TAxCCTLn

15　14	13　12	11	10	9	8	7　6　5	4	3	2	1	0
CMx	CCISx	SCS	SCCI	未用	CAP	OUTMODx	CCIE	CCI	OUT	COV	CCIFG

CMx：捕获模式选择位，定义见表 5-7。

表 5-7 捕获模式选择

CM1	CM0	捕获模式	宏定义
0	0	禁止捕获模式（默认）	CM _0
0	1	上升沿捕获	CM _1
1	0	下降沿捕获	CM _2
1	1	上升沿与下降沿都捕获	CM _3

CCISx：捕获/比较输入信号选择位。在捕获模式中，选择捕获事件的输入信号源（比较模式中不用）。CCISx 定义见表 5-8。

表 5-8 捕获/比较输入信号选择

CCIS1	CCIS0	输入信号选择	宏定义
0	0	CCIxA（默认）	CCIS _0
0	1	CCIxB	CCIS _1
1	0	GND	CCIS _2
1	1	VCC	CCIS _3

SCS：同步捕获选择位。实际中，经常使用同步捕获模式，用来同步定时器时钟和捕获输入信号。

0——异步捕获（默认）。

1——同步捕获。

SCCI：同步捕获/比较信号输入，仅用于比较模式。比较相等信号 EQUx 将选定的捕获/比较输入信号 CCI（CCIxA、CCIxB）、GND 和 VCC 进行锁存，当计数器值变化时，锁存器中的值仍保持不变，可由 SCCI 读出。

CAP：捕获模式与比较模式选择位。

0——比较模式。

1——捕获模式。

OUTMODx：输出模式选择位。OUTMODx 定义见表 5-9。

表 5-9 输出模式选择

OUTMOD2	OUTMOD1	OUTMOD0	输出模式选择	宏定义
0	0	0	输出（默认）	OUTMOD _0
0	0	1	置位	OUTMOD _1
0	1	0	PWM 翻转/复位	OUTMOD _2
0	1	1	PWM 置位/复位	OUTMOD _3
1	0	0	翻转	OUTMOD _4
1	0	1	复位	OUTMOD _5
1	1	0	PWM 翻转/置位	OUTMOD _6
1	1	1	PWM 复位/置位	OUTMOD _7

CCIE：捕获/比较模块中断使能位。该控制位可使能相应的 CCIFG 中断请求。

0——禁止中断。

1——允许中断。

CCI：捕获/比较模块的输入信号。

在捕获模式下，由 CCIS0 和 CCIS1 选择的输入信号可以通过该位读出。

在比较模块下，CCI 复位。

OUT：输出控制位。在输出模式 0 下，该控制位可直接控制输出状态。

0——输出低电平。

1——输出高电平。

COV：捕获溢出标志位。该标志位用于指示定时器捕获溢出情况。

0——没有捕获溢出。

1——有捕获溢出。

在比较模式下（CAP=0），捕获信号复位，没有捕获溢出。

在捕获模式下（CAP=1），如果捕获寄存器的值被读出前再次发生捕获事件，则 COV 置位。COV 在读捕获值时不会复位，需要采用软件清零。

CCIFG：捕获/比较中断标志位。

0——没有中断产生。

1——有中断产生。

在捕获模式下，CCIFG=1 表示在 TAxCCRn 中捕获 TAxR 的值。

在比较模式下，CCIFG=1 表示 TAxR 的值等于 TAxCCRn 的值。

4．Timer_A 捕获/比较寄存器 TAxCCRn

在捕获模式下，TAxCCRn 用于记录硬件自动捕获的计数寄存器 TAxR 的值。在比较模式下，TAxCCRn 用于设定与计数寄存器 TAxR 比较的值。

5．Timer_A 中断向量寄存器 TAxIV

TAxIV 有 16 位，实际只使用了其中 3 位，其定义见表 5-10。该寄存器用于确定定时器 A 中断请求的中断源，中断向量列表见表 5-11。

表 5-10　TAxIV

15～4	3	2	1	0
0		TAxIV		0

表 5-11　定时器 A 中断向量列表

TAxIV 值	中断源	中断标志位	中断优先级
00H	无中断		最高
02H	捕获/比较模块 1	TAxCCR1　CCIFG	
04H	捕获/比较模块 2	TAxCCR2　CCIFG	
⋮	保留		
0AH	定时器溢出中断	TAIFG	最低

5.1.3　定时器 A 的中断

定时器 A 具有强大的中断能力，可以由定时器溢出产生中断，也可以由捕获/比较寄存器产生中断。具体中断事件分为以下四种情况：

1）当计数寄存器（TAxR）计满，即计数值从 0FFFFH 计数到 0 时，将产生定时器溢出中断，并将 TAxCTL 寄存器内的中断标志位 TAIFG 置 1；

2）在捕获/比较模块 0 发生捕获事件，或计数寄存器值 TAxR 计至 TAxCCR0 的值时，TAxCCTL0 寄存器内的中断标志位 CCIFG 置 1；

3）在捕获/比较模块 1 发生捕获事件，或计数寄存器值 TAxR 计至 TAxCCR1 的值时，TAxCCTL1 寄存器内的中断标志位 CCIFG 置 1；

4）在捕获/比较模块 2 发生捕获事件，或计数寄存器值 TAxR 计至 TAxCCR2 的值时，TAxCCTL2 寄存器内的中断标志位 CCIFG 置 1。

定时器 A 共有两个中断向量，分别是 TIMERx_A0_VECTOR 和 TIMERx_A1_VECTOR。其中，捕获/比较寄存器 TAxCCR0 中断较为特殊，单独占用中断向量 TIMERx_A0_VECTOR，为单源中断，具有最高优先级；而定时器溢出和捕获/比较寄存器 TAxCCR1、捕获/比较寄存器 TAxCCR2 三个中断共享中断向量 TIMERx_A1_VECTOR，属于多源中断。对于需要紧急处理的捕获事件，优先使用捕获/比较模块 0 中断，因为其响应速度最快，无须判别；对于多源中断，需要通过中断服务程序进一步判别中断向量寄存器 TAxIV 的值来确定具体中断源。

从表 5-11 中可以看出，当 TAxIV 为 2、4、10 时，分别对应 TAxCCR1 中断、TAxCCR2 中断和定时器溢出中断。如果有 Timer_A 中断标志位，则 TAxIV 为相应的数据。如果 Timer_A 多个中断标志位置位，则系统自动判断优先级，再执行相应的中断程序。中断标志位 TAxCCR1 CCIFG、TAxCCR2 CCIFG、TAIFG 在读取 TAxIV 寄存器后，自动复位。如果不访问 TAxIV 寄存器，则不能自动复位，需要用户软件清除。若关闭中断允许，那么不会产生中断请求，但中断标志仍存在，需要用户软件清除。

中断服务程序参考代码如下。

```
#pragma vector=TIMERA0_A1_VECTOR        //定时器 A0 中断向量（TAxIV）
__interrupt void Timer0_A(void)
{
 switch( TA0IV )
 {
   case   2: CCR1_ISR(); break;         // TA0CCR1 中断
   case   4: CCR2_ISR(); break;         // TA0CCR2 中断
   case 10: OverFlow_ISR(); break;      // 定时器溢出中断
 }
}
```

其中，CCR1_ISR()、CCR2_ISR()、OverFlow_ISR()均是自定义的中断服务函数，若不需要，则可以省略函数部分，但要保留 break 语句。若只使用其中一个中断源，那么程序中可以不对中断源进行判别。

5.1.4　定时器 A 的工作模式

定时器 A 的计数功能就是对输入的时钟脉冲进行计数，它共有 4 种工作模式：停止模式、增计数模式、连续计数模式和增/减计数模式，工作模式的选择由控制寄存器 TAxCTL 中的 MC0 和 MC1 两个控制位决定。

1. 停止模式

当 MC1 和 MC0 分别为 0 与 0 时，定时器 A 工作在停止模式。定时器 A 暂停计数，但并不复位。寄存器的内容保留当前值，在停止模式结束后可继续使用。

2. 增计数模式

当 MC1 和 MC0 分别为 0 与 1 时，定时器 A 工作在增计数模式。定时器 A 启动后，计数寄存器 TAxR 从 0 开始增计数，每个时钟周期 TAxR 加 1，当计数值增计数至 TAxCCR0 的值时，定时器 A 复位并从 0 开始重新计数。图 5-2 为增计数模式下 TAxR 计数过程示意图。

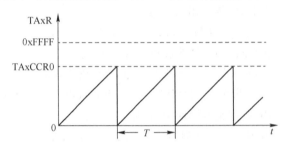

图 5-2　增计数模式下 TAxR 计数过程示意图

在增计数模式下，TAxCCR0 用作定时器 A 增计数模式的周期寄存器，每个周期的计数值是 TAxCCR0+1，改变 TAxCCR0 寄存器的值就可以改变定时周期。由于 16 位寄存器 TAxCCR0 的最大计数为 65536，因此该模式适用于定时周期小于 65536 的连续计数情况。

增计数模式下会触发两个中断标志位置位，分别是 TAIFG 和 TAxCCR0 CCIFG。当计数寄存器计满溢出（从 TAxCCR0 的值计数到 0）时，定时器溢出中断标志位 TAIFG 置 1；而当计数寄存器 TAxR 计数到 TAxCCR0 的值时，捕获/比较中断标志位 TAxCCR0 CCIFG 置 1。增计数模式下的中断标志位置位示意图如图 5-3 所示，可见，两种中断标志位置位时刻并不相同，TAxCCR0 CCIFG 的置位比 TAIFG 提前了一个时钟周期。

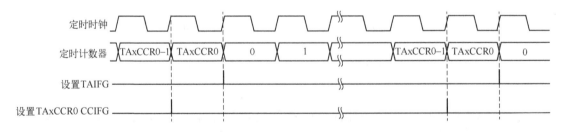

图 5-3　增计数模式下的中断标志位置位示意图

定时器 A 的增计数模式是应用较多的一种定时计数方式，下面通过示例来介绍其具体使用方法。

【例 5-1】 定时器 TA0 工作在增计数模式，采用 SMCLK=1MHz 作为定时计数时钟，使 P1.0 口输出周期为 1s 的方波。

分析：本例中定时计数时钟 SMCLK=1MHz（默认采用 DCO，需要校准），TA0 计时单位为 1/1MHz=1μs，若直接对该时钟进行计数，定时范围最大约为 65ms，定时周期太小，无法实现 0.5s 的定时。因此，必须对定时计数时钟 SMCLK 进行 8 分频，这样 TA0 计时单位为 8/1MHz=8μs，最大可实现 524ms 的定时时长，满足本例要求。当 TA0CCR0=62500 时，定时周期为 0.5s。

本例的中断服务程序如下。

```
#include <msp430g2553.h >
int main(void)
{
  WDTCTL = WDTPW + WDTHOLD;          //关闭"看门狗"
  DCOCTL=0;
  BCSCTL1 = CALBC1_1MHZ;             //SMCLK 为 1MHz（DCO 校准数据）
  DCOCTL = CALDCO_1MHZ;
  P1DIR |= BIT0;                     // P1.0 设为输出
  TA0CCR0 =62500;                    //定时 0.5s
  TA0CCTL0 = CCIE;                   // TA0CCR0 中断允许
  TA0CTL = TASSEL_2 + ID_3+MC_1;     // SMCLK 进行 8 分频，增计数模式
  __bis_SR_register(LPM0_bits + GIE);//进入 LPM0 并使能总中断
}

#pragma vector=TIMER0_A0_VECTOR      //定时器 A0 中断向量
__interrupt void TA0_ISR (void)
{
  P1OUT ^= 0x01;                     // P1.0 取反
}
```

注意：在 msp430g2553.h 头文件中，TA0 有关的宏定义名如下：TA0CTL=TACTL；TA0CCR0= TACCR0=CCR0；TA0CCTL0 =TACCTL0 =CCTL0。

【例 5-2】 定时器 TA1 工作在增计数模式，采用 ACLK=32768Hz 作为定时计数时钟，使 P2.0 口输出周期为 2s 的方波。

分析：本例中的定时计数时钟 ACLK=32768Hz，TA1 计时单位为 1/32768Hz≈30μs，定时范围最大为 2s，满足 1s 定时需求，时钟无须分频。当设置 TA1CCR0=32768-1 时，定时周期为 1s。

本例的中断服务程序如下。

```
#include <msp430g2553.h >
int main(void)
{
  WDTCTL = WDTPW + WDTHOLD;              //关闭"看门狗"
  P2DIR |= BIT0;                        // P2.0 设为输出
  TA1CCR0 =32768-1;                     // 定时 1s
  TA1CCTL0 = CCIE;                      // TA1CCR0 中断允许
  TA1CTL = TASSEL_1 +MC_1;              // ACLK，增计数模式
  __bis_SR_register(LPM3_bits + GIE);   //进入 LPM3 并使能总中断
}
```

```
#pragma vector=TIMER1_A0_VECTOR              //定时器 A1 中断向量
__interrupt void TA1_ISR(void)
{
    P2OUT ^= 0x01;                           // P2.0 取反
}
```

从上述两个例子可以看出，定时器程序设计主要包括定时计数时钟的选择、定时时长的确定和中断服务程序的编写。注意，输入的时钟源不同，系统进入的休眠模式不相同。

3. 连续计数模式

当 MC1 和 MC0 分别为 1 与 0 时，定时器 A 工作在连续计数模式。计数寄存器 TAxR 从 0x0000 一直增计数到 0xFFFF 后，又从 0 开始重新计数。图 5-4 为连续计数模式下 TAxR 计数过程示意图。

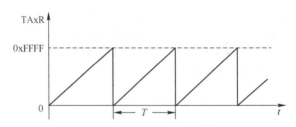

图 5-4　连续计数模式下 TAxR 计数过程示意图

连续计数模式下计数寄存器只会触发定时器溢出中断。当计数寄存器从 0xFFFF 计数到 0 时，TAIFG 置 1，中断标志位置位示意图如图 5-5 所示。在该模式下，计数周期是固定的，不需要周期寄存器，TAxCCR0 可用作一般捕获/比较寄存器。如果需要修改定时周期，则可以在计数寄存器每次溢出时修改 TAxR 的计数初值。

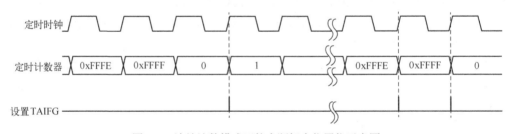

图 5-5　连续计数模式下的中断标志位置位示意图

连续计数模式在捕获/比较功能中使用较多，其典型应用如下。

1）在捕获模式下，计数寄存器设置为连续计数模式，利用 TAxCCRn 寄存器捕获各种外部事件发生的计数寄存器数值。

2）产生多个独立的定时信号：利用捕获/比较模块的比较功能，通过中断服务程序在相应的 TAxCCRn 上加一个时间差，不断增加 TAxCCRn 的值，使得定时器 A 每隔一定的时间都能与 TAxCCRn 的值相等，从而引发中断。

4. 增/减计数模式

当 MC1 和 MC0 分别为 1 与 1 时，定时器 A 工作在增/减计数模式。在定时器 A 启动后，计数寄存器 TAxR 先从 0 增计数到 TAxCCR0 的值，再减计数到 0，如此循环。计数周期与 TAxCCR0 的值有关,是增计数模式的 2 倍。图 5-6 为增/减计数模式下 TAxR 计数过程示意图。

与增计数模式类似,增/减计数模式下同样会触发 TAIFG 和 TAxCCR0 CCIFG 两个中断标志位置位。当计数寄存器 TAxR 从 1 减计数到 0 时,定时器溢出标志位 TAIFG 置 1;当定时器 TAxR 的值等于 TAxCCR0 的值时,捕获/比较中断标志位 TAxCCR0 CCIFG 置 1。图 5-7 为增/减计数模式下中断标志位置位示意图,上述两个中断标志位在一个周期内仅置位 1 次,且相隔半个计数周期。

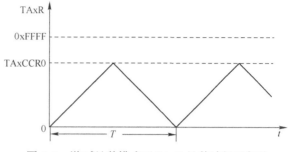

图 5-6　增/减计数模式下 TAxR 计数过程示意图

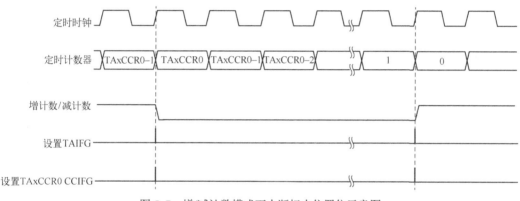

图 5-7　增/减计数模式下中断标志位置位示意图

增/减计数模式较少用来定时或计数,多用于定时器比较功能下输出 PWM 信号。该应用将在 5.1.5 节“输出单元”部分进行具体介绍。

综上,定时器 A 的四种工作模式的定时长度设置、应用场合各不相同。增计数模式和增/减计数模式适用于需要改变定时长度的场合,通过设置 TAxCCR0 的值,可以方便地产生不同时长的定时信号。连续计数模式的定时周期是固定的,需要结合定时器比较功能使用,利用定时器比较中断,每个比较单元都可以产生一个独立的定时信号。

5.1.5　定时器 A 的捕获/比较模块

除计数器模块以外,定时器 A 中还有 3 个捕获/比较模块,每个模块有各自的捕获/比较控制寄存器 TAxCCTLn 和捕获/比较寄存器 TAxCCRn(n=0,1,2)。捕获/比较模块在 16 位计数寄存器的配合下,用来捕获事件发生的时间或产生定时间隔。每发生一次捕获事件或一次定时时间到达,捕获/比较模块都将引起中断,为实时处理提供了灵活的控制手段。

捕获/比较模块的结构如图 5-8 所示。以模块 CCR2 为例,捕获/比较寄存器 TAxCCRn 与定时计数寄存器总线相连。该模块有两种工作模式:捕获模式和比较模式,二者的选择由捕获/比较控制寄存器 TAxCCTLn 中的 CAP 位决定。

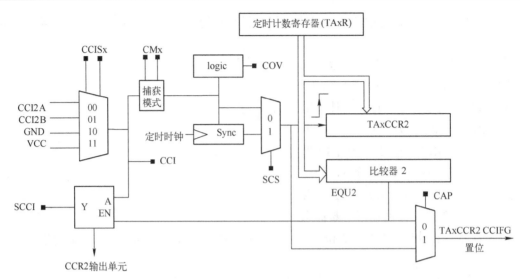

图 5-8　捕获/比较模块结构

1. 捕获模式

当 CAP=1 时，捕获/比较模块工作在捕获模式。此时，计数寄存器一般设置为连续计数模式。捕获模式可用于记录外部事件发生的时间，通常用于测量频率、周期、脉宽、占空比等精确时间量的场合。

捕获功能由捕获单元实现。捕获单元主要包括捕获信号选取（CCISx）、捕获模式选取（CMx）、同步/异步方式选取（SCS）、捕获/比较寄存器 TAxCCRn，以及其他辅助部件。捕获输入信号来自于外部引脚 CCIxA、CCIxB 或内部信号 VCC、GND，由捕获/比较控制寄存器 TAxCCTLn 中的 CCIS1 和 CCIS0 控制位进行选择。对于 MSP430G2553 单片机，CCIxA、CCIxB 与单片机引脚的对照关系见表 5-12。

表 5-12　CCIxA、CCIxB 与单片机引脚对照表

引脚	第二功能说明	引脚	第二功能说明	引脚	第二功能说明
P1.1	Timer0_A CCI0A 输入	P2.0	Timer1_A CCI0A 输入	P2.3	Timer1_A CCI0B 输入
P1.2	Timer0_A CCI1A 输入	P2.1	Timer1_A CCI1A 输入	P2.2	Timer1_A CCI1B 输入
P3.0*	Timer0_A CCI2A 输入	P2.4	Timer1_A CCI2A 输入	P2.5	Timer1_A CCI2B 输入

说明：表中"*"表示 MSP430 部分型号没有该引脚。

当输入捕获信号时，由捕获方式控制位 CM1 和 CM0 选择信号捕获的条件：禁止捕获、上升沿捕获、下降沿捕获或者上升沿和下降沿都捕获。捕获方式应根据具体应用场合确定，例如，在测量信号频率时，可以选用上升沿或下降沿捕获方式；在测量信号脉宽时，需要选用上升沿和下降沿都捕获的方式，分别记录信号上升沿时刻和下降沿时刻，两时刻相减得到脉宽。

信号捕获发生在任意时刻，根据捕获时刻与定时器时钟是否同步，将捕获分为同步捕获与异步捕获，由控制位 SCS 选择确定。异步捕获方式要求输入信号周期远大于定时时钟周期，否则会导致捕获出错。因此，通常采用同步捕获方式（SCS 置 1），如图 5-9 所示。

当捕获事件发生时，定时器将完成以下工作：

1）捕获/比较寄存器 TAxCCRn 自动记录计数寄存器 TAxR 的值；

2）中断标志位 CCIFG 置 1。

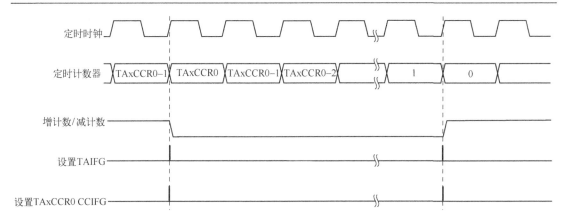

图 5-9　同步捕获方式

若此时总中断使能位 GIE=1，捕获中断使能位 CCIE=1，则定时器会向 CPU 发送中断请求。需要注意的是，当发生捕获事件时，需要及时读取 TAxCCRn 中的值，以免被下一次捕获数据覆盖，产生捕获溢出，此时溢出标志位 COV=1，须采用软件复位。

【例 5-3】　利用定时器 TA1 的捕获模式实现信号频率的测量。采用 SMCLK=1MHz 作为时钟源，P2.0 引脚设置为捕获输入引脚。输入信号由 P1.0 引脚输出的 ACLK 信号连接到 P2.0 引脚上产生。

分析：测量频率可通过测量相邻两个脉冲的上升沿或下降沿的时间差实现，即测量周期。根据本例要求，TA1 选择 SMCLK 作为时钟源，在捕获模式下，TA1 设置为连续计数模式，捕获/比较模块 CCRx 设置为捕获模式，上升沿触发捕获，每次捕获事件发生后，在中断程序中读取捕获值。当计数值溢出时，可以在溢出中断程序中记录溢出次数，从而扩大周期信号的测量范围。周期计算如下：周期=65536×溢出次数+两次捕获值之差。

本例实现程序如下。

```
#include <msp430g2553.h >
# define Num=10;                              //测量次数
unsigned int OverFlow_Cnt=0;                  //定时中断溢出次数
unsigned int Old_val=0;
unsigned int New_val=0;
char index=0;
unsigned long Period [NUM ];                  //周期测量值
int main(void)
{
  WDTCTL = WDTPW + WDTHOLD;                    //关闭"看门狗"
  P1DIR |= BIT0;
  P1SEL |= BIT0;                              //P1.0 设为 ACLK 输出
  P2DIR &= ~BIT0;
  P2SEL |= BIT0;                              //P2.0 设为定时器 A 捕获输入
  DCOCTL=0;
  BCSCTL1 = CALBC1_1MHZ;                       //SMCLK 为 1MHz（DCO 校准数据）
  DCOCTL = CALDCO_1MHZ;
```

```
        TA1CTL = TASSEL_2 +MC_2+TACLR;          //SMCLK，连续计数模式，TA1R 清零
        TA1CCTL1= CM_1+SCS+CAP+CCIE;            //CCR1 上升沿触发，同步模式，使能中断
        __bis_SR_register(LPM0_bits + GIE);      //进入 LPM0 并使能总中断
}

#pragma vector=TIMER1_A1_VECTOR              //定时器 A1 中断向量
__interrupt void TA1_ISR (void)
{
    switch( TA1IV )
     {
        case   2:
          {
              New_val = TA1CCR1;
              Period[index]=65536* OverFlow_Cnt+ New_val - Old_val;   //计算周期
              index++;
              if (index==Num) index=0;
              Old_val = New_val;                 //保存捕获值
              OverFlow_Cnt=0;                    //溢出次数清零
          }
                 break;                           //CCR1 中断
        case   4: break;
        case 10: OverFlow_Cnt++;                  //溢出次数计数
                 break;
          }
        }
     }
```

在上述程序中，信号频率测量采用了多次测量的方法，结果保存在 Period[]数组中，单位为 Hz。为了减小测量误差，一般取多次测量的平均值作为最终结果。

2．比较模式

当 CAP=0 时，捕获/比较模块工作在比较模式。比较模式主要用于产生特定的定时间隔中断或结合输出单元输出各种脉冲时序信号和 PWM 信号。

比较功能由比较单元实现。比较单元主要包括计数寄存器 TAxR，捕获/比较寄存器 TAxCCRn 和比较器，如图 5-10 所示。

在比较模式下，TAxCCRn 的值由软件写入，并通过比较器不断地与计数寄存器 TAxR 的值进行比较，当 TAxR=TAxCCRn 时，定时器将完成以下工作：

● 中断标志位 CCIFG 置 1。如果

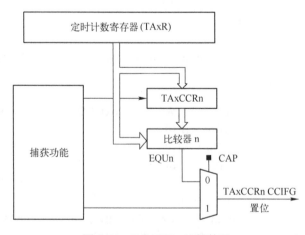

图 5-10　TAxCCRn 比较单元

GIE 和 CCIE 置位，则将产生中断请求。

● 产生 EQUn 信号。该信号触发输出控制单元，根据选定的输出模式，产生不同的输出信号。

● 输入信号 CCI 被锁存到 SCCI 中。

当计数寄存器工作在连续模式下时，利用 CCRn 模块的比较功能，可产生多个独立的定时信号。图 5-11 为连续计数模式下利用捕获/比较寄存器 TAxCCR0 产生定时信号 t_0 的示意图。其主要思想是通过在中断服务程序中给 TAxCCR0 叠加上一个时间差，使得计数寄存器 TAxR 每隔一定的时间都能与 TAxCCR0 的值相等，从而引发 CCIFG 中断，产生一定的定时间隔。不同的 CCRn 模块可以同时用来产生不同的定时间隔。

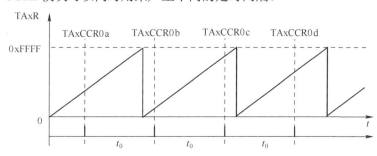

图 5-11　利用比较功能产生独立的定时信号

【例 5-4】　定时器 TA0 工作在连续计数模式，采用 SMCLK=1MHz 作为时钟源，利用比较功能使 P1.0 口输出周期为 1s 的方波。

分析：本例的要求与例 5-1 类似。在连续计数模式下，采用定时器溢出中断产生的定时周期是固定的。需要利用捕获/比较模块的比较功能产生不同时长的定时信号。

本例实现程序如下。

```
#include <msp430g2553.h >
int main(void)
{
  WDTCTL = WDTPW + WDTHOLD;        //关闭"看门狗"
  DCOCTL=0;
  BCSCTL1 = CALBC1_1MHZ;           //SMCLK 为 1MHz（DCO 校准数据）
  DCOCTL = CALDCO_1MHZ;
  P1DIR |= BIT0;                   // P1.0 设为输出
  TA0CCR0 =62500;                  // 定时 0.5s
  TA0CCTL0 = CCIE;                 // TA0CCR0 中断允许
  TA0CTL = TASSEL_2 + ID_3+MC_2;   // SMCLK，8 分频，连续计数模式
  __bis_SR_register(LPM0_bits + GIE);  //进入 LPM0 并使能总中断
}

#pragma vector=TIMER0_A0_VECTOR    //定时器 A0 中断向量
__interrupt void TA0_ISR (void)
{
  P1OUT ^= 0x01;                   // P1.0 取反
  TA0CCR0 += 62500;                // TA0CCR0 增量
}
```

在本例中，调整捕获/比较寄存器 TA0CCR0 的值就可以得到不同的定时长度。在使用比较功能时，需要注意使用不同的比较模块中断及其对应的中断向量。

3. 输出单元

每个捕获/比较模块都包含一个输出单元，用于产生各类输出信号，如单稳态脉冲信号、PWM 信号、移相信号等。输出单元主要由输出控制单元和 D 触发器构成，输入信号来自于计数器模块和比较单元的 EQUn 信号，输出信号 OUTx 由单片机引脚输出，具体结构如图 5-12 所示。每个输出单元有 8 种输出模式，由捕获/比较控制寄存器 TAxCCTLn 中的控制位 OUTMODx 选择。每种输出方式基于 EQUn 信号自动改变定时器输出引脚的输出电平，从而可在无须 CPU 的干预下产生对应的输出信号。

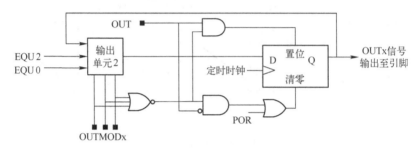

图 5-12 输出单元的结构

输出单元的 8 种输出模式见表 5-13。

表 5-13 输出单元的 8 种输出模式

OUTMODx	输出模式	说　　明
000（模式 0）	电平输出	TAx 引脚由 OUTx 位决定高低电平
001（模式 1）	置位	当计数寄存器计至 TAxCCRn 的值时，TAx 引脚置 1
010（模式 2）	翻转/复位	当计数寄存器计至 TAxCCRn 的值时，TAx 引脚取反 当计数寄存器计至 TAxCCR0 的值时，TAx 引脚置 0
011（模式 3）	置位/复位	当计数寄存器计至 TAxCCRn 的值时，TAx 引脚置 1 当计数寄存器计至 TAxCCR0 的值时，TAx 引脚置 0
100（模式 4）	翻转	当计数寄存器计至 TAxCCRn 的值时，TAx 引脚取反
101（模式 5）	复位	当计数寄存器计至 TAxCCRn 的值时，TAx 引脚置 0
110（模式 6）	翻转/置位	当计数寄存器计至 TAxCCRn 的值时，TAx 引脚取反 当计数寄存器计至 TAxCCR0 的值时，TAx 引脚置 1
111（模式 7）	复位/置位	当计数寄存器计至 TAxCCRn 的值时，TAx 引脚置 0 当计数寄存器计至 TAxCCR0 的值时，TAx 引脚置 1

定时器 A 计数寄存器有增计数、连续计数和增/减计数三种工作模式，在不同的计数方式下，输出单元在不同输出模式下产生的输出波形不相同，下面分别给出增计数、连续计数和增/减计数模式下输出单元产生的波形示例。

（1）增计数模式下输出单元输出波形

定时器 A 工作在增计数模式下，TAxCCR0 作为周期寄存器，当 TAxCCR1 作为比较寄存器时，不同的输出模式产生的输出波形如图 5-13 所示。

在增计数模式下，当 TAxR 增计数到 TAxCCR1 的值或者 TAxCCR1 的值计数至 0 时，定时器输出波形按选择的输出模式发生变化。

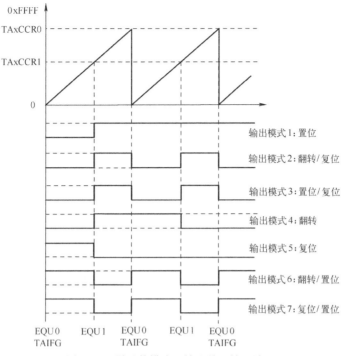

图 5-13　增计数模式下输出单元输出波形

（2）连续计数模式下输出单元输出波形

定时器 A 工作在连续计数模式下，当 TAxCCR0 和 TAxCCR1 作为比较寄存器时，不同的输出模式产生的输出波形如图 5-14 所示。

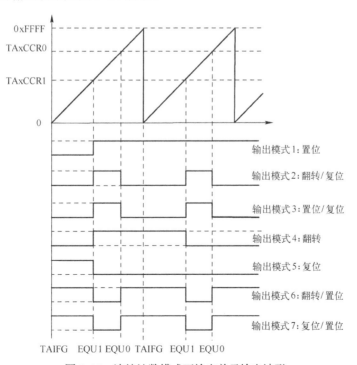

图 5-14　连续计数模式下输出单元输出波形

在连续计数模式下，定时器输出波形与增计数模式相同，只是计数寄存器 TAxR 会增计数至 0xFFFF，使得 TAxCCRn 的计数周期变长。

（3）增/减计数模式下输出单元输出波形

定时器 A 工作在增/减计数模式下，TAxCCR0 作为周期寄存器，TAxCCR2 作为比较寄存器，不同的输出模式产生的输出波形如图 5-15 所示。

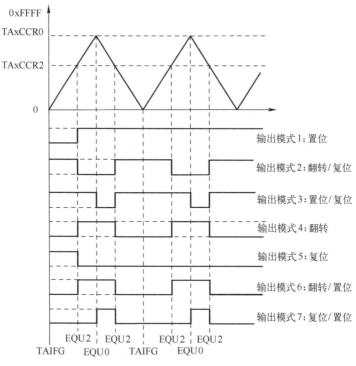

图 5-15　增/减计数模式下输出单元输出波形

每个输出单元的波形直接通过定时器引脚输出，同一个输出单元有多个输出引脚。对于 MSP430G2553 单片机，定时器 A 输出信号 OUTx 与单片机引脚的对照关系见表 5-14。当使用定时器 A 输出功能时，需要将对应的引脚设置为输出且设置使用第二功能，可以使用一个引脚输出，也可以多个引脚同时输出。

表 5-14　定时器 A 输出信号 OUTx 与单片机引脚对照表

定时器	模　块	引　脚
TA0	CCR0	P1.1、P1.3、P3.4*
	CCR1	P1.2、P1.6、P2.6、P3.5*
	CCR2	P3.0*、P3.6*
TA1	CCR0	P2.0、P2.3、P3.1*
	CCR1	P2.1、P2.2、P3.2*
	CCR2	P2.4、P2.5、P3.3*

说明：表中 "*" 表示 MSP430 部分型号没有该引脚。

根据产生的波形，不同的输出模式适用于不同的场合。

1）模式 0：用于电平输出。

TAx 引脚输出用法与普通的 I/O 端口相同，可以通过软件设置 TAxCCRn 寄存器中 OUT 控制位来控制引脚输出的高低电平，以产生各种需要的波形。

【例 5-5】　利用定时器 TA0 的 OUT 控制位直接控制输出方波信号。

分析：本例利用定时器 TA0 中模式 0 的输出方式，其输出与比较单元无关，只需要先将 CCRn 模块输出单元引脚设置为输出且设为第二功能，再对对应模块的 TA0CCTLn 寄存器中的 OUT 赋值。

本例实现程序如下。

```c
#include <msp430g2553.h >
int main(void)
{
    unsigned int i = 0;
    WDTCTL = WDTPW + WDTHOLD;        //关闭"看门狗"
    P1DIR |= BIT1;                   // P1.1 设为输出
    P1SEL |= BIT1;                   // P1.1 设为第二功能 TA0
    TA0CCTL0 |= OUT;                 // CCR0 模块 OUT 置位
    while(1)
    {
        for(i=0,i<50000,i++);
        TA0CCTL0 ^= OUT;             //输出翻转
    }
}
```

在上述程序设计中，需要注意选用的定时器 A 输出引脚与 CCRn 模块的对应关系。

2）模式 1 与模式 5：用于生成单稳态脉冲。

模式 1 可以产生单个上升沿脉冲，模式 5 可以产生单个下降沿脉冲，边沿出现的时间由 TAxCCRn 值设定。使用 OUT 控制位预先将 TAx 引脚置 1（置 0），当计数寄存器计至 TAxCCRn 的值时，模式 5（模式 1）下 TAx 引脚自动置 0（置 1），从而可以得到正/负单稳态脉冲，如图 5-16 所示。

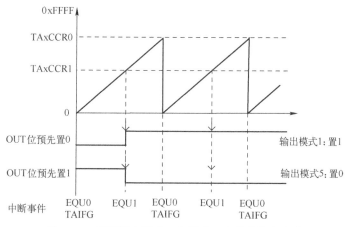

图 5-16　利用输出模式 1 和模式 5 生成单稳态脉冲

【例 5-6】　利用定时器 TA0 中模式 1 的输出方式，使 P1.2 引脚产生一个上升沿信号。

分析：为了产生上升沿信号，首先需要将 P1.2 引脚置 0，然后通过 TA0CCR1 设置上升沿时间，最后通过 TA0CCTL1 设置输出方式为模式 1。定时器 TA0 可设置为连续计数模式并选择 ACLK 作为输入时钟源。

本例实现程序如下。

```
#include <msp430g2553.h >
int main(void)
{
  WDTCTL = WDTPW + WDTHOLD;            //关闭"看门狗"
  P1DIR |= BIT2;                       // P1.2 设为输出
  P1OUT |= BIT2;                       // P1.2 预先置 0
  P1SEL |= BIT2;                       // P1.2 设为第二功能
  TA0CCR1 =20000;                      //脉冲宽度
  TA0CCTL1 = OUTMOD_1;                 //模式 1 输出
  TA0CTL = TASSEL_1 +MC_2+TACLR;       // ACLK，连续计数模式，TA0R 清零
  __bis_SR_register(LPM3_bits + GIE);  //进入 LPM3 并使能总中断
}
```

3）模式 3 与模式 7：用于产生普通的 PWM 信号。

PWM 信号是指一系列周期固定、脉宽可变的脉冲信号，通常用于调整设备的输入功率。通过调整脉冲的宽度，改变负载通、断时间的比例，从而达到功率调节的目的。在 PWM 波形中，一个周期内高电平时间与总时间之比称为占空比。占空比越大，负载功率越大。

在模式 3 和模式 7 中，当计数寄存器 TAxR 计至比较寄存器 TAxCCRn 的值或周期寄存器 TAxCCR0 的值时，TAx 引脚都会按设定输出模式自动置位或复位，即输出 PWM 信号波形。PWM 信号的频率由计数周期决定，PWM 信号的占空比由比较寄存器 TAxCCRn 的值决定。模式 3 和模式 7 的输出波形正好相反，可以一起用来产生两路对称的波形。

【例 5-7】 定时器 TA1 工作在增计数模式，输入时钟源为 ACLK=32768Hz，使 P2.0 和 P2.4 引脚分别输出占空比为 75% 与 25%，周期为 1s 的 PWM 信号波形。

分析：利用定时器 TA1 的输出功能，CCR1 和 CCR2 工作在输出模式 3，各生成 1 路 PWM 信号。在增计数模式下，TA1CCR0 作为周期寄存器，负责 PWM 信号波形的周期；TA1CCR1 和 TA1CCR2 作为比较寄存器，负责 PWM 信号波形占空比的调整，可以通过示波器观察引脚的输出波形。

本例实现程序如下。

```
#include <msp430g2553.h >
int main(void)
{
  WDTCTL = WDTPW + WDTHOLD;            //关闭"看门狗"
  P2DIR |= BIT1+BIT4;                  // P2.1 和 P2.4 输出
  P2SEL |= BIT1+BIT4;                  // P2.1 和 P2.4 使用 TA1 输出
  TA1CCR0 = 32768-1;                   // PWM 信号周期
  TA1CCTL1 = OUTMOD_3;                 // TA1CCR1 工作在模式 3：置位/复位
  TA1CCR1 =8192;                       // TA1CCR1 控制 PWM 信号占空比为 25%
  TA1CCTL2 = OUTMOD_3;                 // TA1CCR2 工作在模式 3：置位/复位
  TA1CCR2 = 24576;                     // TA1CCR2 控制 PWM 信号占空比为 75%
```

```
TA1CTL = TASSEL_1 + MC_1+TACLR;          // ACLK，增计数模式，TA1R 清零
    __bis_SR_register(LPM3_bits + GIE);     //进入 LPM3 并使能总中断
}
```

4）模式 2 与模式 6：在增计数和连续计数模式下，用于产生普通的 PWM 信号；在增/减计数模式下，可以产生带"死"区的互补 PWM 信号。

在半桥和全桥驱动等控制电路中，两个器件不能同时导通，当其中一个器件导通后关闭时，另一个器件需要经过一段"死"区时间才能导通，否则会引起电路短路。带"死"区的互补 PWM 信号可以用来防止两个器件同时导通。

增/减计数模式下生成的带"死"区的互补 PWM 信号如图 5-17 所示，其中，TAxCCR0 决定 PWM 信号波形的周期，TAxCCR1 和 TAxCCR2 分别设定为输出模式 2 与模式 6，TA1CCR1 与 TA1CCR2 之差为两路信号的"死"区时间。

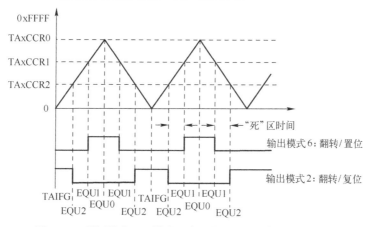

图 5-17 利用模式 2 和模式 6 生成带"死"区的 PWM 信号

【例 5-8】 定时器 TA1 工作在增/减计数模式，输入时钟源为 SMCLK，使 P2.1 和 P2.4 引脚分别输出带"死"区的互补 PWM 信号波形。

分析：本例中计数寄存器工作在增/减计数模式，TA1CCR1 和 TA1CCR2 寄存器的输出方式分别设置为模式 6 与模式 2，通过示波器可以观察对应引脚的输出波形。

本例实现程序如下。

```
#include <msp430g2553.h >
unsigned int Td= 50;
int main(void)
{
    WDTCTL = WDTPW + WDTHOLD;              //关闭"看门狗"
    P2DIR |= BIT1+BIT4;                    // P2.0 和 P2.4 输出
    P2SEL |= BIT1+BIT4;                    // P2.0 和 P2.4 使用 TA1 输出
    TA1CCR0 = 4000;                        // PWM 信号周期
    TA1CCTL1 = OUTMOD_6;                   // TA1CCR1 工作在模式 6：翻转/置位
    TA1CCR1 = 2000 + Td;                   // TA1CCR1 控制 PWM 占空比
    TA1CCTL2 = OUTMOD_2;                   // TA1CCR2 工作在模式 2：翻转/复位
    TA1CCR2 = 2000 - Td;                   // TA1CCR2 控制 PWM 信号的占空比
    TA1CTL = TASSEL_2 + MC_3+TACLR;        // SMCLK，增/减计数模式，TA1R 清零
```

```
    __bis_SR_register(LPM0_bits + GIE);              //进入 LPM0 并使能总中断
    }
```

5）模式 4：在增计数或连续计数模式下，用于生成多路移相信号或多路可变频率信号。

① 生成多路移相信号。当计数寄存器计至 TAxCCRn 的值时，TAx 引脚自动取反。输出波形为方波，占空比为 50%。频率由计数周期决定。修改 TAxCCRn 的值可以调节输出波形的相位，且相位变化范围为 0°～180°。对于含有 3 个捕获/比较模块的定时器 A，最多可产生 3 路移相信号，如图 5-18 所示。

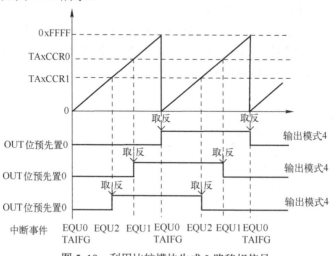

图 5-18　利用比较模块生成 3 路移相信号

② 生成多路可变频率信号。利用 CCRn 模块的比较功能，通过在中断服务程序中增加 TAxCCRn 偏移量（时间差）的方法，从而改变 TAx 引脚输出波形的频率。偏移量的大小决定了波形的频率大小。在连续计数模式下，最多可产生 4 路可变频率信号。

5.2 "看门狗"定时器

"看门狗"定时器（WatchDog Timer，WDT）是单片机中非常重要的一个部件。它本质上是一个特殊的定时器，其主要功能是当程序发生错误时使受控系统重新启动，这个功能对实际工程应用中的产品非常有用，因为单片机在实际工作中容易受到供电电压、空间电磁干扰等影响，致使单片机产生误操作，出现程序"跑飞"现象。若不进行有效处理，程序就不能回到正常工作状态。为了避免产生这种问题，保证系统的正常工作，出现了"看门狗"定时器（简称"看门狗"）。选定"看门狗"定时时间后，若在"看门狗"定时时间到之前对"看门狗"定时器清零，则不会产生复位；若程序"跑飞"，致使在"看门狗"定时时间到之前不能对"看门狗"清零，"看门狗"定时器就会产生溢出，使系统复位，CPU 重新运行用户程序。如果用户不需要使用"看门狗"的"看门"功能，那么可将"看门狗"定时器作为一般定时器使用。

5.2.1 "看门狗"定时器的结构与主要特性

MSP430 系列单片机内部集成了"看门狗"定时器。图 5-19 是 MSP430G2553 单片机中"看门狗"定时器的结构，主要由时钟选择逻辑单元、"看门狗"计数器、口令比较器、"看门狗"控制寄存器、中断产生逻辑单元等构成。"看门狗"电路具有 SMCLK 和 ACLK 两种时钟源，通过一个 16 位加法计数器 WDTCNT 对 SMCLK 或 ACLK 时钟源产生的周期信号进行计数，有四种计数周期可选。WDTCNT 不能直接通过软件访问，必须通过"看门狗"定时器的控制寄存器 WDTCTL 来控制。如果应用程序不需要"看门狗"功能，可将它关闭，也可将它作为一个普通的 8 位定时器使用。

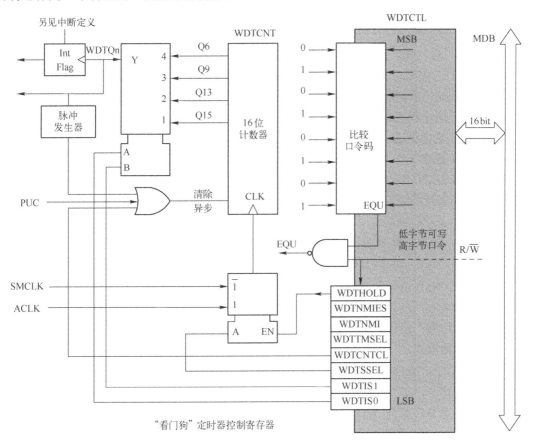

图 5-19　MSP430G2XXX 系列"看门狗"定时器的结构

"看门狗"定时器的主要特性如下：

● 8 种软件可选的定时时间；
● 两种工作模式，即"看门狗"模式和定时器模式；
● 一旦定时时间到，"看门狗"模式将产生系统复位，定时器模式产生中断请求；
● 出于安全原因，对"看门狗"定时器控制寄存器的写操作需要有正确的安全键值的指令；
● 可以停止"看门狗"以实现超低功耗。

5.2.2　"看门狗"定时器寄存器

"看门狗"定时器的设置由控制寄存器 WDTCTL 实现。WDTCTL 的字地址为 0120H，由两部分组成：高 8 位用作口令，低 8 位是对"看门狗"定时器操作的控制命令。在写操作

WDTCTL 时，出于安全原因，必须先正确写入高字节"看门狗"口令 05AH，否则口令写错将引起系统复位。在读操作 WDTCTL 时，高字节始终为 069H，以防意外写操作；低字节是写入 WDTCTL 的参数。WDTCTL 寄存器各位的定义见表 5-15。

表 5-15　WDTCTL 寄存器定义

15～8	7	6	5	4	3	2	1	0
WDTPW	WDTHOLD	WDTNMIES	WDTNMI	WDTTMSEL	WDTCNTCL	WDTSSEL	WDTISx	

WDTPW："看门狗"定时器口令。读入口令为"069H"，写入口令为"05AH"。

WDTHOLD：关闭"看门狗"定时器。单片机复位后会自动"开狗"，因此，不打算使用"看门狗"或对"看门狗"定时器寄存器进行配置前，均需要先"关狗"，避免系统意外复位。该模式广泛用于程序调试阶段。

0——WDT 功能激活。

1——WDT 停止工作。

WDTNMIES：NMI 边沿触发方式选择，与 WDTNMI 位配合使用。

0——NMI 上升沿触发。

1——NMI 下降沿触发。

WDTNMI：NMI 功能选择，用于选择 $\overline{RST}$ / NMI 引脚功能。

0—— $\overline{RST}$ / NMI 引脚为复位端。

1—— $\overline{RST}$ / NMI 引脚为边沿触发的非屏蔽中断输入。

WDTTMSEL："看门狗"定时器工作模式选择。

0——"看门狗"模式。

1——定时器模式。

WDTCNTCL："看门狗"定时器计数器清零。

0——无操作。

1——清除 WDTCNT，WDTCNT=0000H（"喂狗"）。

WDTSSEL："看门狗"定时器时钟源选择。

0——SMCLK。

1——ACLK。

WDTISx："看门狗"定时器定时时间设置，x=0 或 1，即 WDTIS0 和 WDTIS1。

WDTIS0 和 WDTIS1 的不同组合：

00——$T\times32768$；

01——$T\times8192$；

10——$T\times512$；

11——$T\times64$。

其中，T 为"看门狗"定时器的输入时钟周期。

由 WDTSSEL、WDTIS1 和 WDTIS0 三位就可以确定"看门狗"定时器的定时时间。表 5-16 列出了在 ACLK=32768Hz，SMCLK=1MHz 条件下"看门狗"定时器可选的定时时间。

表 5-16　ACLK=32768Hz，SMCLK=1MHz 条件下"看门狗"定时器的定时时间

WDTSSEL	WDTIS1	WDTIS0	定时时间/ms	说　明
0	0	0	32	$t_{smclk}\times 32768$
0	0	1	8	$t_{smclk}\times 8192$
0	1	0	0.5	$t_{smclk}\times 512$
0	1	1	0.064	$t_{smclk}\times 64$
1	0	0	1000	$t_{aclk}\times 32768$
1	0	1	250	$t_{aclk}\times 8192$
1	1	0	16	$t_{aclk}\times 512$
1	1	1	1.9	$t_{aclk}\times 64$

5.2.3　"看门狗"定时器工作模式

"看门狗"定时器有两种工作模式："看门狗"模式和定时器模式。

1. "看门狗"模式

上电或系统复位后，WDTCTL 和 WDTCNT 寄存器清零，"看门狗"定时器默认进入"看门狗"模式，默认采用 SMCLK 作为时钟源。用户软件一般需要进行如下操作。

（1）"看门狗"定时器初始化，设置定时时间。默认定时时间为 32ms（DCOCLK）。

（2）周期性地对 WDTCNT 寄存器清零，防止"看门狗"定时器溢出产生复位。

【例 5-9】　设定"看门狗"定时器工作模式为"看门狗"，P1.0 接 LED，正常工作时常亮，由于"看门狗"的复位作用，LED 会闪烁。引入"喂狗"后，"看门狗"不会再复位，LED 也不会闪烁。

本例实现程序如下。

```
#include    <msp430g2553.h>
void main(void)
{
  unsigned int   i=0;
  WDTCTL = WDTPW + WDTHOLD;            //关闭"看门狗"
  P1DIR |= BIT0;
  P1OUT &= ~BIT0;                      //LED 灭
  for(i=0;i<16000;i++);
  P1OUT |= BIT0;                       //LED 亮
  WDTCTL = WDT_ARST_1000;             //启动 WDT 为 1000ms 定时
  while(1)
    {
      for(i=0;i<16000;i++);            //主函数任务
      WDTCTL = WDT_ARST_1000+WDTCNTCL; // "喂狗"，且不影响 WDT 定时设置
    }
}
```

2. 定时器模式

设置 WDTTMSEL=1，可使"看门狗"定时器工作于定时器模式。定时时间可通过软件对 WDTCTL 寄存器中 WDTCNTCL 位置位并进行初始化，一旦"看门狗"定时器定时时间溢出，即产生中断，将中断标志位 WDTIFG 置 1。

"看门狗"定时器使用 SFR（特殊功能寄存器）中的两位来实现中断控制。

1）WDTIFG：WDT 中断标志位，位于 IFG1.0。

2）WDTIE：WDT 中断允许位，位于 IE1.0。

当 WDTIFG 和 WDTIE 中断允许位都置位时，CPU 可响应"看门狗"定时器的定时中断。当处理中断请求时，中断标志位 WDTIFG 会自动清零。在编写中断程序时，需要注意"看门狗"定时器的中断向量名为 WDT_VECTOR。

【例 5-10】 使用"看门狗"定时功能，使得 P1.0 引脚上产生一个方波信号。

本例实现程序如下。

```
#include   < msp430g2553.h >
void main(void)
{
  WDTCTL = WDT_MDLY_32;                //定时周期为 32ms
  IE1 |= WDTIE;                        //使能 WDT 中断
  P1DIR |= BIT1;                       //P1.0 输出
  _BIS_SR(LPM0_bits + GIE);           //进入低功耗模式等待中断
}

#pragma vector=WDT_VECTOR              // "看门狗"中断处理程序
__interrupt void watchdog_timer(void)
{
  P1OUT ^= BIT1;                       //P1.0 取反
}
```

注意："WDT_MDLY_32"在 msp430g2553.h 头文件中有定义，即"#define WDT_MDLY_32 (WDTPW+WDTTMSEL+WDTCNTCL)"，读者可查阅相关技术手册了解。

5.3　定时器 Proteus 仿真实验

【实验 5-1】 使用定时器 A 中断方式控制两个 LED 闪烁。

实验要求：利用定时器 A0 产生 0.5s 和 1s 的定时中断，分别控制两个 LED 闪烁。LED 默认初始状态为 1 亮 1 灭，时钟源采用 ACLK=32768Hz。

分析：本实验中定时器 A0 可设置为增计数模式，设置 TA0CCR0=16384-1，利用 CCR0 可产生 0.5s 的定时中断，同时，在中断服务程序中通过中断计数的方法实现 1s 的定时。

（1）硬件电路设计

单片机的 P1.0 和 P1.1 引脚分别连接 LED1 与 LED2，硬件电路如图 5-20 所示。

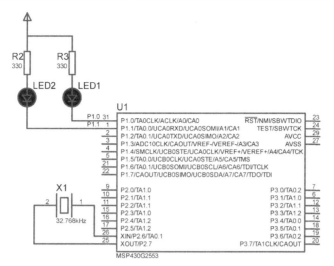

图 5-20　定时器 A 控制 LED 闪烁电路图

（2）程序设计

```
#include <msp430g2553.h >
unsigned int Cnt=0;
int main(void)
{
    WDTCTL = WDTPW + WDTHOLD;        //关闭"看门狗"
    P1DIR |= BIT0+BIT1;              //设置 P1.0 和 P1.1 为输出
    P1OUT |= BIT0+BIT1;             //LED1、LED2 初始状态为灭
    TA0CCR0 =16384-1;               //定时 0.5s
    TA0CCTL0 = CCIE;                // TA1CCR0 中断允许
    TA0CTL = TASSEL_1+MC_1;         // ACLK，增计数模式
    _BIS_SR(LPM3_bits + GIE);       //进入 LPM3 并使能总中断
}

#pragma vector=TIMER0_A0_VECTOR     // 定时器 A0 中断向量
__interrupt void TA0_ISR(void)
{
    P1OUT ^= BIT0;                  // P1.0 取反
    Cnt ++;
    if( Cnt == 2 )                  //定时 1s 到
      {
          P1OUT ^= BIT1;            // P1.1 取反
          Cnt = 0;
      }
}
```

实现定时中断的方法有多种：利用不同的 CCRn 分别产生定时中断、利用定时器 A 的比较中断功能等，读者可以自行尝试。

（3）仿真结果与分析

在 Proteus 原理图中，双击 MSP430G2553 单片机，设置 ACLK 的频率为 32768Hz。在源代码区，对源程序进行编译，单击仿真运行按钮，可观察到 LED1 按照 0.5s 的定时时长亮灭

交替，LED2 按照 1s 的定时时长亮灭交替，通过计数寄存器也可以观察到两个 LED 交替闪烁的次数，仿真结果如图 5-21 所示。

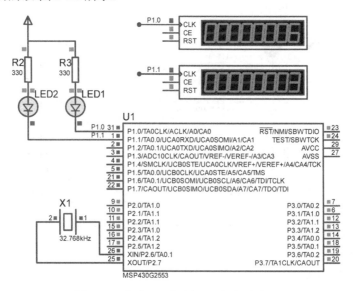

图 5-21 定时器 A 控制 LED 闪烁仿真图

【实验 5-2】 使用定时器 A 产生 4 路方波信号。

实验要求：利用定时器 A0 产生 4 路方波信号，周期分别为 0.5s、1s、2s 和 4s，信号由 P3.4～P3.7 引脚输出，时钟源采用 ACLK=32768Hz，采用示波器观察 4 路输出波形。

分析：本实验利用定时器 A0 溢出中断和 CCRn 比较中断可产生 4 路独立的周期信号。定时器 A0 可设置为连续计数模式，时钟源为 ACLK=32768Hz。当计数寄存器 TA0R=65536 时，利用定时器溢出中断实现 2s 的定时。在中断服务程序中，对输出引脚取反，可产生 1 路周期为 4s 的方波信号。3 个捕获/比较模块 CCRn 的比较中断功能可以分别实现其他 3 路方波信号，设置 TA0CCR0=32768，产生定时为 1s 的中断；设置 TA0CCR1=32768/2，产生定时为 0.5s 的中断；设置 TA0CCR2=32768/4，产生定时为 0.25s 的中断，对应信号周期为 2s、1s 和 0.5s。

（1）硬件电路设计

单片机的 P2.6 和 P2.7 引脚连接外部晶振，P3.4～P3.7 引脚分别连接到示波器的 4 路信号输入端，且 P3.7 连接 LED1，硬件电路如图 5-22 所示。

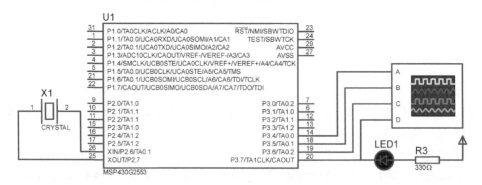

图 5-22 定时器 A 产生 4 路方波信号电路图

（2）程序设计

```
#include <msp430g2553.h >
int main(void)
{
  WDTCTL = WDTPW + WDTHOLD;          //关闭"看门狗"
  P3DIR |= 0xF0;                     // P3.4~P3.7 输出
  TA0CCTL0 = CCIE;                   // TA0CCR0 中断允许
  TA0CCTL1 = CCIE;                   // TA0CCR1 中断允许
  TA0CCTL2 = CCIE;                   // TA0CCR2 中断允许
  TA0CCR0 = 32768;
  TA0CCR1 = 32768/2;
  TA0CCR2 = 32768/4;                 //置计数初值
  TA0CTL = TASSEL_1 + MC_2 + TAIE;   // ACLK，连续计数模式，中断溢出使能
  __bis_SR_register(LPM3_bits + GIE);//进入 LPM3 并使能总中断
}


#pragma vector=TIMER0_A0_VECTOR      //定时器 A0 中断向量
__interrupt void TA0_ISR (void)
{
    TA0CCR0 += 32768;                //TA0CCR0 增量
    P3OUT ^= BIT4;                   //周期为 2s
}


#pragma vector=TIMER0_A1_VECTOR      //定时器 A1 中断向量
__interrupt void TA1_ISR (void)
{
  switch( TA0IV )
    {
    case   2:    TA0CCR1 += 32768/2;  // TA0CCR1 增量
                 P3OUT ^= BIT5;       //周期为 1s
                 break;
    case   4:    TA0CCR2 += 32768/4;  // TA0CCR2 增量
                 P3OUT ^= BIT6;       //周期为 0.5s
                 break;
    case 10:     P3OUT ^= BIT7;       //溢出中断，周期为 4s
                 break;
    }
}
```

（3）仿真结果与分析

在 Proteus 原理图中，双击 MSP430G2553 单片机，设置 ACLK 的频率为 32768Hz。在源代码区，对源程序进行编译，单击仿真运行按钮，在示波器中，可观察到 P3.4～P3.7 引脚输出的 4 路方波信号，仿真结果如图 5-23 所示。

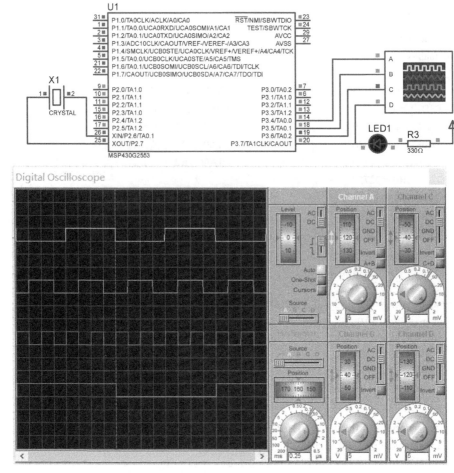

图 5-23　定时器 A 产生 4 路方波信号仿真图

思考与练习

1. MSP430 单片机有哪些定时器资源？

2. 简述定时器 A 的结构和特点。

3. 定时器 A 有几种工作模式？试说明其异同点。

4. 定时器 A 有几个中断源和几个中断向量？它们的对应关系是什么？

5. 利用定时器 A 如何实现比较功能？

6. 利用定时器 A 如何实现捕获功能？

7. 简述定时器 A 的输出模式。

8. 简述看门狗定时器的结构和原理。

9. 看门狗定时器有几种工作方式？试说明其不同之处。

10. 设计一个 60s 倒计时器，采用两位数码管显示，要求使用定时器 A 作为秒计时器。

11. 利用定时器 A 输出周期为 20ms，占空比分别为 75% 和 20% 的 PWM 矩形波。

第6章　MSP430 单片机串行通信模块

串行通信是单片机与外界进行数据传输的常用方式，被广泛应用到数据采集、智能控制、工业监控等领域。MSP430 系列单片机具有三种串行通信接口：USI 模块、USART 模块和 USCI 模块。USI 模块仅支持 SPI 和 I²C 通信。USART 模块不仅支持 SPI 和 I²C 通信，还支持 UART 异步串行通信。USCI 模块是一种新型串行通信接口标准，其功能更强，使用更方便。USCI 模块支持 UART、SPI、I²C 通信，其异步模式支持 UART、IrDA 和 LIN 等通信。

MSP430G2553 单片机内部集成了通用串行通信 USCI 模块。本章首先简要介绍串行通信的基本概念；然后介绍 USCI 模块的结构、原理与功能，讲述 UART、I²C 和 SPI 通信方式及使用；最后结合 Proteus 仿真实验介绍 USCI 模块在单片机系统中的应用。

6.1　串行通信基本概念

1．通信方式

单片机与外界的信息交换称为通信。通信方式分为并行通信和串行通信。

并行通信是指使用多条数据线同时传输数据字节的各个位。该方式传输速度非常快，但使用传输线较多，传输成本较高，适用于短距离的数据传输，如单片机内部各部件的数据传输。

串行通信是指使用一条数据线，将数据字节一位位依次进行传输。相比并行通信，串行通信方式传输速度慢，但占用 I/O 端口线少，特别适合单片机与单片机、单片机与外设之间的远距离通信。

2．串行通信

串行通信按同步方式可分为异步通信和同步通信。

异步通信是以字符为单位进行传输，字符与字符之间的传输间隔是任意的，同一字符内的各数据位保持同步。收、发双方采用各自的时钟源控制数据的发送和接收。由于发送方可以在任一时刻发送字符，为了使接收方正确地接收到字符，每个字符加上了起始位和停止位，从而实现收发双方的通信同步。异步通信的数据格式如图 6-1 所示，每个字符（字符帧）包括 1 个起始位（0）、5～8 个数据位、1 个可选的奇偶校验位和 1～2 个停止位（1）。当接收方检测到传输线上低电平"0"时，确认发送方开始发送数据；当接收方检测到传输线上停止位时，确认数据传输完毕。

异步通信方式使用简单、灵活，不要求收发双方时钟严格一致，适合数据的随机发送和接收，是单片机中常用的一种串行通信方式。

同步通信是以数据块（一组字符）为单位进行传输的，字符与字符之间传输无间隔。由于每次传输的数据量较多，要求收发双方时钟严格一致，因此，在同步通信中，通常需要一个同步时钟，以实现位同步和帧同步。同步通信示意图如图 6-2 所示。

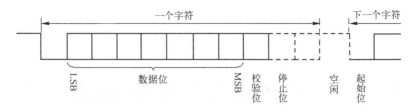

图 6-1　异步通信的数据格式

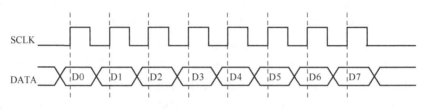

图 6-2　同步通信示意图

同步通信方式的传输效率较高，但要求收发双方时钟严格同步，对硬件要求较高，适合批量数据的传输。

3. 传输速率

串行通信通常采用波特率来衡量数据传输的快慢。波特率是指每秒传输码元符号的数量，单位为 Band。在单片机中，一个码元表示一个比特，因此，波特率即为每秒传输数据的位数，也就是比特率（bit/s）。波特率的设置一般可通过编程实现，常用的波特率有 110、300、600、1200、1800、2400、4800、9600 和 19200 等。一般情况下，波特率随着传输距离的增加而减小。波特率越高，对收发双方时钟信号频率同步的要求就越高。

6.2　USCI 模块概述

通用串行通信接口（USCI）采用硬件模块支持多种串行通信模式。USCI 模块原理图如图 6-3 所示，其主要特性如下。

1）低功耗允许模式（自动启动）。

2）两个相互独立的 USCI 子模块：USCI_Ax 和 USCI_Bx。不同的子模块支持不同的模式。

USCI_Ax 模块：

● 支持带自动波特率检测的 UART 模式（LIN）；

● 支持具有脉冲整形的 IrDA 通信模式；

● 支持 SPI 通信模式。

USCI_Bx 模块：

● 支持 SPI 通信模式；

● 支持 I^2C 通信模式。

3）双缓冲发送和接收（Tx/Rx）。

4）接收干扰抑制。

5）波特率/位时钟发生器。

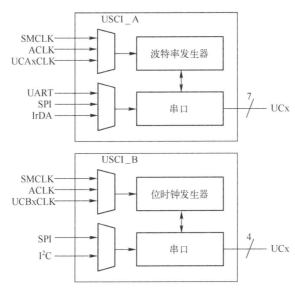

图 6-3　USCI 模块原理图

- 灵活的时钟源。
- 自动波特率检测。

6）使能 DMA。

7）中断驱动。

在不同系列的单片机中，USCI_Ax 和 USCI_Bx 模块的个数存在差异。在 MSP430G2553 单片机中，上述两个模块各有一个，分别命名为 USCI_A0 和 USCI_B0。

6.3　UART 串行异步通信

UART 是一种通用异步接收器和发送器，可以实现全双工通信。当控制位 UCSYNC=0 时，USCI 模块设定为 UART 模式。在异步模式中，USCI_A0 模块通过两个外部引脚 UCA0RXD（P1.1）和 UCA0TXD（P1.2）与外部建立通信。

UART 模式的主要特性：

- 采用奇偶校验或无校验的 7 位或 8 位数据传输；
- 具有独立的发送和接收移位寄存器；
- 具有独立的发送和接收缓冲寄存器；
- 采用最低有效位（LSB）优先或最高有效位（MSB）优先发送和接收数据；
- 多机模式下内置空闲线和地址位通信协议；
- 接收起始位触发边沿检测从 LMPx 模式中自动唤醒；
- 可编程分频因子为整数或小数的波特率；
- 具有错误检测和抑制的状态标志；
- 具有地址检测的状态标志；
- 具有独立接收和发送中断的能力。

图 6-4 给出了配置为 UART 模式的 USCI_Ax 结构。

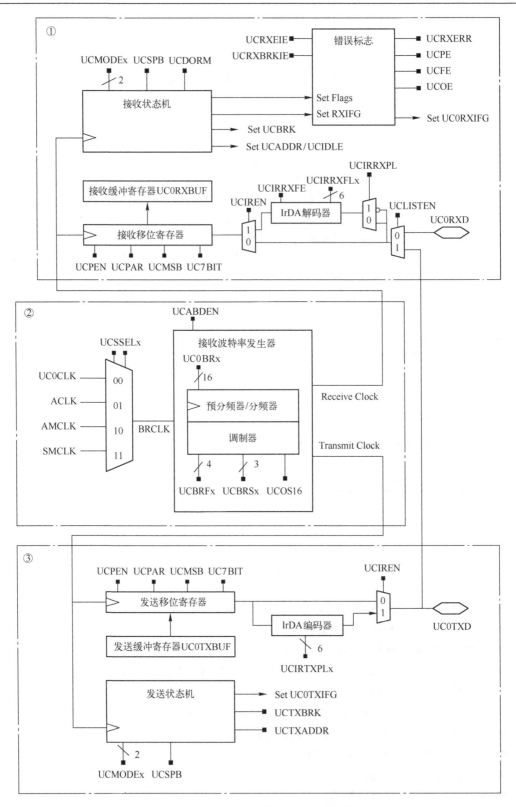

图 6-4 USCI_Ax 框图：UART 模式

6.3.1　UART 模块的工作原理

1．USCI 模块的初始化和复位

USCI_A0 模块的初始化和复位主要由控制寄存器 UCA0CTL0 与 UCA0CTL1 进行设置并实现。USCI 模块在一个 PUC 信号后或者通过设置 UCSWRST 位来复位。USCI 模块的初始化过程如下：

1）置位 UCSWRST；

2）当 UCSWRST=1 时，初始化所有 UCSI 寄存器（包括 UCA0CTL1）；

3）配置端口；

4）软件清除 UCSWRST；

5）设置 UCA0RXIE 和 UCA0TXIE 寄存器使能中断（可选）。

USCI_A0 的初始化程序如下：

```
UCA0CTL1 |= UCSSEL_2;              //时钟 SMCLK
P1SEL = BIT1 + BIT2 ;              // P1.1 = RXD，P1.2=TXD
P1SEL2 = BIT1 + BIT2;
UCA0CTL1 &= ~UCSWRST;             //复位 UCSWRST
IE2 |= UCA0RXIE + UCA0TXIE;       //使能 USCI_A0 TX/RX 中断
```

2．字符格式

UART 异步通信的字符格式如图 6-5 所示，包括 1 个起始位，7 个或 8 个数据位，1 个奇/偶校验位（或无校验位），1 个地址位（地址位模式）和 1～2 个停止位。UART 异步通信的字符格式由控制寄存器 UCA0CTL0 设置，其中，UCMSB 位控制数据传输方向（LSB 或 MSB 优先），默认先发送 LSB。

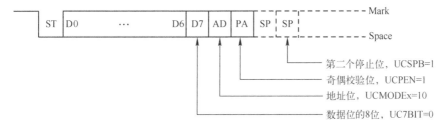

图 6-5　UART 异步通信的字符格式

3．UART 波特率设置

波特率反映了异步通信的速度。波特率发生器由时钟输入选取、预分频器、调制器等组成。USCI_A0 波特率发生器能从非标准源频率中产生一个标准的波特率。BRCLK 是波特率发生器的输入时钟，可以选自外部时钟 UC0CLK 或内部时钟 ACLK、SMCLK。时钟源的选取通过 UCSSELx 控制器实现。预分频器主要实现整数分频，而调制器用于实现小数分频。

波特率发生器提供两种操作模式：低频波特率模式和过采样波特率模式，通过 UCOS16 控制位进行设置。

（1）低频波特率模式

当 UCOS16=0 时，波特率发生器工作在低频模式（默认）。该模式允许波特率从低频时

钟源中产生（例如，从 32768Hz 晶振产生 9600 波特率）。该模式通过使用一个较低的输入频率，从而减少模块的功耗。

在低频波特率模式中，波特率发生器使用一个预分频器和一个调制器产生位时钟时序。该组合支持生成小数波特率。预分频器由波特率控制寄存器 UCA0BR0 和 UCA0BR1 进行配置，调制器由波特率调制控制寄存器 UCA0MCTL 进行配置。

对于一个给定的 BRCLK 时钟源，使用的波特率决定了所需的分频系数 N：

$$N = f_{BRCLK} \div 波特率$$

分频系数 N 通常不是一个整数值，因此需要通过预分频器和调制器进行设置，以尽可能接近 N 值。在低频波特率模式下，通常 $N<16$。

分频系数的整数部分由预分频器实现（INT 为取整）：UCBRx=INT(N)。

小数部分由调制器实现（round 为四舍五入取整）：UCBRSx=round((N-INT(N))×8)。

【例 6-1】 在低频波特率模式下，若 $f_{BRCLK} = 32768Hz$，设置 UCBRx 和 UCBRSx 使波特率发生器产生值为 4800 的波特率。

解：由题意可得

$$N = 32768 / 4800 \approx 6.827$$

则

$$UCBRx = INT(N) = 6$$
$$UCBRSx = round((N-INT(N))×8) = round(0.827×8) = 7$$

对应寄存器设置：UCA0BR0=0x06，UCA0MCTL=0x0E。

（2）过采样波特率模式

当 UCOS16=1 时，波特率发生器工作在过采样波特率模式。该模式具有精确的位时序，需要时钟源比波特率高 10 位，即 $N \geq 16$。

该模式先使用一个 16 分频器和调制器来产生比 BITCLK 快 16 倍的 BITCLK16，再将 BITCLK16 通过第二个 16 分频器和调制器产生 BITCLK。

分频器被设置为 UCBRx = INT($N/16$)。

调制器被设置为 UCBRFx=round(($N/16$-INT($N/16$))×16)。

【例 6-2】 在过采样波特率模式下，若选用 SMCLK 作为波特率输入时钟且 $f_{SMCLK} = 1MHz$，设置 UCBRx 和 UCBRFx 使波特率发生器产生值为 9600 的波特率。

解：由题意可得

$$N / 16 = (1000000 / 9600) / 16 \approx 6.51$$

则

$$UCBRx = INT(N/16) = 6$$
$$UCBRFx = round((N/16-INT(N/16))×16) = round(0.51×16) = 8$$

对应寄存器设置：UCA0BR0=0x06，UCA0MCTL=0x81。

不同模式下波特率的设置可查阅相关数据手册。

4. 异步多机通信模式

当两个设备异步通信时，不需要多机通信协议。当 3 个或更多设备异步通信时，需要使用多机通信协议。USCI 支持两种多机通信模式：线路空闲多机模式和地址位多机模式。模式的选取由 UCMODEx 控制位决定。

当 UCMODEx=01 时，USCI 为线路空闲多机模式。在该模式下，数据的传输是以字符块的形式进行的，每个字符块至少包括一个地址字符和一个数据字符，数据块之间被较长的空闲时间分开。在字符的一个或两个停止位后，接收到 10 个或更多的连续标志"1"时，表示接收线路处于空闲，UCIDLE 位置位。在单片机发送数据之前，可以通过 UCIDLE 位判别线路是否空闲，如果空闲，则可以进行一个字符块传输。在一个空闲周期之后，接收的第一个字符是地址字符，用户可以通过软件验证该地址且必须复位 UCDORM，才可以继续接收数据字符。

当 UCMODEx=10 时，USCI 为地址位多机模式。在该模式下，数据的传输也是以字符块的形式进行的，字符中包含一个附加的位作为地址位。字符块的第一个字符带有一个置位的地址位，当接收到的字符地址位为 1 且传送到接收缓冲寄存器 UCA0RXBUF 中时，UCADDR 位被置位。UCDORM 位用于地址位多机模式下数据接收的控制，如果接收到地址字符，用户软件必须软件清除 UCDORM，才可以接收后续的字符块。在所有字符接收完成后，将置位中断标志位 UCA0RXIFG。字符的地址位是由 UCT0ADDR 位控制的，一旦开始发送，UCTXADDR 将被自动清零。

5. 自动波特率检测

当 UCMODEx=11 时，USCI 设置为带自动波特率检测的 UART 模式，可以方便地实现 LIN 通信。在该模式下，数据帧前面包含一个打断和同步域序列。当在总线上检测到 11 个或更多的 0 时，判别为一个打断。为了符合 LIN 通信规范，同步序列字符格式设置为 8 个数据位，LSB 优先，无奇偶校验位和停止位，数值为 055H，如图 6-6 所示。同步时间范围在第一个下降沿和最后一个下降沿之间。置位 UCABDEN，使能波特率发生器，就可以自动检测波特率。测量的结果被传送到波特率控制寄存器 UCA0BR0、UCA0BR1 和 UCA0MCTL 中。当一个打断/同步域被监测到时，UCBRK 标志位被置位。打断/同步域的字符被传送到 UCA0RXBUF 中且 UCA0RXIFG 中断标志位被置位。当一个打断/同步域被接收时，为了继续接收数据，用户必须用软件置位 UCDORM。当所有字符接收完成后，将置位中断标志位 UCA0RXIFG。

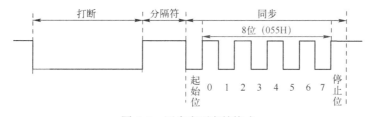

图 6-6　同步序列字符格式

发送一个打断/同步域的程序流程如下。

1）在 UCMODEx=11 时，置位 UCTXBRK。

2）将 055H 写入 UCA0TXBUF，UCA0TXBUF 必须做好接收新数据的准备（UCA0TXIFG=1）。然后，将会产生一个 13 位的打断域，随后为打断分隔符和同步字符。打断分隔符的长度由 UCDELIMx 位控制。当同步字符从 UCA0TXBUF 传输到移位寄存器中时，UCTXBRK 位将自动复位。

3）在 UCA0TXBUF 中，写入所需的数据。UCA0TXBUF 必须做好接收新数据的准备

（UCA0TXIFG=1）。写入 UCA0TXBUF 中的数据被传输到移位寄存器中，并且一旦移位寄存器有新数据，就开始发送。

6. IrDA 的编码和解码

当 UCIREN 位被置位时，将会使能 IrDA 的编码器和解码器，并提供 IrDA 通信的硬件编码和解码。

（1）IrDA 编码

当 UART 数据流中出现 "0" 位时，IrDA 编码器会对每一个 0 位发送一个脉冲进行编码，编码方式如图 6-7 所示。脉冲持续时间由 UCIRTXPLx 控制位决定，该控制位可以指定被 UCIRTXCLK 选中的半个时钟周期的数目。

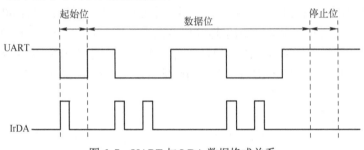

图 6-7　UART 与 IrDA 数据格式关系

根据 IrDA 标准设置 3/16 位的周期脉冲，则需要设置 UCIRTXCLK=1 来选中 BITCLK16 时钟，再设置 UCIRTXPLx=5 来确定脉冲长度。

当 UCIRTXCLK=0 时，基于 BRCLK 的脉冲长度 t_{PULSE} 由以下公式计算：

$$t_{PULSE} = (UCIRTXPLx+1)/2f_{BRCLK}$$

（2）IrDA 解码

当 UCIRRXPL=0 时，IrDA 解码器监测到高脉冲，否则监测到低脉冲。除模拟抗尖峰脉冲滤波器以外，USCI 内部含有可编程数字滤波器，它由 UCIRRXFE 控制位使能设置。当 UCIRRXFE=1 时，只有超过可编程滤波器长的脉冲才能通过，而短的脉冲会被丢弃。可编程滤波器长度 UCIRRXFLx 的计算方式如下：

$$UCIRRXFLx= (t_{PULSE}-t_{WAKE}) \times 2 \times f_{BRCLK}-4$$

其中，t_{PULSE} 为接受脉冲的最小宽度；t_{WAKE} 表示从任何低功耗模式中唤醒，当 MSP430 单片机处于活动模式时，t_{WAKE} 为 0。

6.3.2　USCI 中断

USCI 模块具有一个发送中断向量和一个接收中断向量。

1. USCI_A0 发送中断操作

发送端中断标志 UCA0TXIFG 置位，表示 UCA0TXBUF 已准备好接收下一个字符。若 UCAxTXIE 和 GIE 也同时置位，则会产生一个中断请求。如果 UCA0TXBUF 写入字符，那么 UCA0TXIFG 将自动复位。当系统复位 PUC 信号或 UCSWRST=1 时，UCA0TXIFG 和 UCA0TXIE 置位。

2. USCI_A0 接收中断操作

每当接收到一个字符且送入 UCA0RXBUF 中，UCA0RXIFG 中断标志位置位。若

UCA0RXIE 和 GIE 也同时置位，则会产生一个中断请求。当系统复位 PUC 信号或 UCSWRST=1 时，UCA0RXIFG 和 UCA0RXIE 位置位。当 UCA0RXBUF 被读取时，UCA0RXIFG 位自动复位。

其他中断控制特征如下。

- 当 UCA0RXEIE=0 时，错误字符不会置位 UCA0RXIFG。
- 当 UCDORM=1 时，在多处理器模式下，非地址字符不会置位 UCA0RXIFG 位。在普通 UART 模式下，没有字符会置位 UCA0RXIFG 位。
- 当 UCBRKIE=1 时，一个中断条件将置位 UCBRK 位和 UCA0RXIFG 位。

3. USCI 中断使用

USCI_Ax 和 USCI_Bx 共享同一个中断向量。接收中断标志位 UCAxRXIFG 和 UCBxRXIFG 共享一个中断向量，发送中断标志位 UCAxTXIFG 和 UCBxTXIFG 共享另一个中断向量。

6.3.3　UART 模块寄存器

在 UART 模式下，相关 USCI 寄存器见表 6-1。

表 6-1　USCI_A0 寄存器

寄存器	缩写	类型	地址	初始状态
USCI_A0 控制寄存器 0	UCA0CTL0	读/写	060H	PUC 复位
USCI_A0 控制寄存器 1	UCA0CTL1	读/写	061H	001H 与 PUC 复位
USCI_A0 波特率控制寄存器 0	UCA0BR0	读/写	062H	PUC 复位
USCI_A0 波特率控制寄存器 1	UCA0BR1	读/写	063H	PUC 复位
USCI_A0 调制控制寄存器	UCA0MCTL	读/写	064H	PUC 复位
USCI_A0 状态寄存器	UCA0STAT	读/写	065H	PUC 复位
USCI_A0 接收缓冲寄存器	UCA0RXBUF	读	066H	PUC 复位
USCI_A0 发送缓冲寄存器	UCA0TXBUF	读/写	067H	PUC 复位
USCI_A0 自动波特率控制寄存器	UCA0ABCTL	读/写	05DH	PUC 复位
USCI_A0 IrDA 发送控制寄存器	UCA0IRTCTL	读/写	05EH	PUC 复位
USCI_A0 IrDA 接收控制寄存器	UCA0IRRCTL	读/写	05FH	PUC 复位
中断使能寄存器 2	IE2	读/写	001H	PUC 复位
中断标志寄存器 2	IFG2	读/写	003H	00AH 与 PUC 复位

下面详细介绍 USCI_A0 各寄存器。

1. USCI_A0 控制寄存器 0（UCA0CTL0）

UCA0CTL0 的定义见表 6-2。

表 6-2　UCA0CTL0

7	6	5	4	3	2　　　1	0
UCPEN	UCPAR	UCMSB	UC7BIT	UCSPB	UCMODEx	UCSYNC

UCPEN：奇偶校验使能位。

0——禁止奇偶校验。

1——使能奇偶校验。

UCPAR：奇偶校验选择位。

0——奇校验。

1——偶校验。

UCMSB：高/低位优先选择位。控制移位寄存器接收和发送的方向。

0——LSB 优先。

1——MSB 优先。

UC7BIT：字符长度控制位。选择 7 位或 8 位长度字符。

0——8 位数据。

1——7 位数据。

UCSPB：停止位个数选择控制位。选择 1 个或 2 个停止位。

0——1 位停止位。

1——2 位停止位。

UCMODEx：USCI 模式选择位。当 UCSYNC=0 时，UCMODEx 位选择异步模式。

00——UART 模式。

01——线路空闲多机模式。

10——地址位多机模式。

11——带有自动波特率检测的 UART 模式。

UCSYNC：同步模式使能控制位。

0——异步模式。

1——同步模式。

2．USCI_A0 控制寄存器 1（UCA0CTL1）

UCA0CTL1 的定义见表 6-3。

表 6-3　UCA0CTL1

7　　6	5	4	3	2	1	0
UCSSELx	UCRXEIE	UCBRKIE	UCDORM	UCTXADDR	UCTXBRK	UCSWRST

UCSSELx：USCI 时钟源选择位。选择 BRCLK 时钟源。

00——UCLK（外部 USCI 时钟）。

01——ACLK。

10——SMCLK。

11——SMCLK。

UCRXEIE：接收错误字符中断使能位。

0——不接收错误字符，且不置位 UCA0RXIFG。

1——接收错误字符，且置位 UCA0RXIFG。

UCBRKIE：接收中断字符中断使能位。

0——接收的中断字符不置位 UCA0RXIFG。

1——接收的中断字符置位 UCA0RXIFG。

UCDORM：休眠控制位。使 USCI 进入休眠模式。

0——不休眠。所有接收的字符都将置位 UCA0RXIFG。

1——休眠。只有线路空闲或地址位设置在前面的字符,才会置位 UCA0RXIFG。在带有自动波特率检测的 UART 模式中,只有中断和同步字段的组合,才会置位 UCA0RXIFG。

UCTXADDR:发送地址控制位。根据选择的多机模式,选择下一帧发送的类型。

0——发送的下一帧是数据。

1——发送的下一帧是地址。

UCTXBRK:发送打断控制位。在带有自动波特率检测的 UART 模式中,为了产生需要的打断/同步字段,必须将 055H 写入 UCAxTXBUF 中。否则,必须将 0H 写入发送缓冲寄存器。

0——发送的下一帧不是打断。

1——发送的下一帧是打断或打断同步字符。

UCSWRST:软件复位使能控制位。

0——禁止软件复位。

1——启用软件复位,USCI 逻辑保持复位状态。

3. USCI_A0 波特率控制寄存器 0(UCA0BR0)

UCA0BR0 的定义见表 6-4。

表 6-4　UCA0BR0

7	6	5	4	3	2	1	0
UCBRx——低字节							

4. USCI_A0 波特率控制寄存器 1(UCA0BR1)

UCA0BR1 的定义见表 6-5。

表 6-5　UCA0BR1

7	6	5	4	3	2	1	0
UCBRx——高字节							

UCBRx:波特率发生器的时钟预分频器设置。(UCA0BR0 + UCA0BR1 × 256) 的 16 位值组成了分频值。

5. USCI_A0 调制控制寄存器(UCA0MCTL)

UCA0MCTL 的定义见表 6-6。

表 6-6　UCA0MCTL

7　6　5　4	3　2　1	0
UCBRFx	UCBRSx	UCOS16

UCBRFx:第一调制阶段选择位。当 UCOS16=1 时,这些位用于确定 BITCLK16 的调制模式;在 UCOS16=0 时,忽略这些位。

UCBRSx:第二调制阶段选择位。这些位确定 BITCLK 的调制模式。

UCOS16:过采样模式使能位。

0——禁用过采样模式。

1——使能过采样模式。

6. USCI_A0 状态寄存器（UCA0STAT）

UCA0STAT 的定义见表 6-7。

表 6-7　UCA0STAT

7	6	5	4	3	2	1	0
UCLISTEN	UCFE	UCOE	UCPE	UCBRK	UCRXERR	UCADDR/ UCIDLE	UCBUSY

UCLISTEN：监听使能位。UCLISTEN 位选择闭环回路模式。

0——禁止监听。

1——使能监听。UCA0TXD 被内部反馈到接收器。

UCFE：帧错误标志位。

0——没有帧错误。

1——有帧错误。

UCOE：溢出错误标志位。当读取前一个字符前，将字符传送到 UCA0RXBUF 时，该位被置位。当读取 UCA0RXBUF 时，UCOE 自动复位。注意，UCOE 不能采用软件清除，否则，UART 将无法正常工作。

0——无溢出错误。

1——发生溢出错误。

UCPE：奇偶校验错误标志位。当 UCPEN=0 时，UCPE 被读取为 0。

0——无奇偶校验错误。

1——接收到具有奇偶校验错误的字符。

UCBRK：打断检测标志位。

0——无打断情况。

1——打断条件发生。

UCRXERR：接收错误标志位。该位表示收到一个错误字符。当 UCRXERR=1 时，一个或多个错误标志位（UCFE、UCPE、UCOE）被置位。当读取 UCA0RXBUF 时，UCRXERR 清零。

0——没有检测到接收错误。

1——检测到接收错误。

UCADDR：地址位多机模式下的接收地址控制位。

0——接收到的字符为数据。

1——接收到的字符为地址。

UCIDLE：线路空闲多机模式下的线路空闲检测标志位。

0——没有检测到空闲线路。

1——检测到空闲线路。

UCBUSY：USCI "忙" 标志位。该位表示是否有一个发送或接收操作正在进行。

0——USCI 空闲。

1——USCI 正在发送或接收。

7. USCI_A0 接收缓冲寄存器（UCA0RXBUF）

UCA0RXBUF 的定义见表 6-8。

表 6-8　UCA0RXBUF

7	6	5	4	3	2	1	0
			UCRXBUFx				

UCRXBUFx：接收数据缓冲区用于存放从移位寄存器最后接收到的字符，可由用户访问。在对 UCA0RXBUF 进行读操作时，将复位 UCRXERR、UCADDR/UCIDLE 和 UCA0RXIFG。在 7 位数据模式下，UCA0RXBUF 是 LSB 对齐的，并且 MSB 总为 0。

8. USCI_A0 发送缓冲寄存器（UCA0TXBUF）

UCA0TXBUF 的定义见表 6-9。

表 6-9　UCA0TXBUF

7	6	5	4	3	2	1	0
			UCTXBUFx				

UCTXBUFx：发送数据缓冲区用于保存等待被转移到发送移位寄存器和 UCA0TXD 上传输的数据，可由用户访问。对 UCTXBUFx 进行写操作，UCA0TXIFG 清零。在 7 位数据模式下，UCA0TXBUF 的 MSB 位为 0。

9. USCI_A0 自动波特率控制寄存器（UCA0ABCTL）

UCA0ABCTL 的定义见表 6-10。

表 6-10　UCA0ABCTL

7　6	5　4	3	2	1	0
保留	UCDELIMx	UCSTOE	UCBTOE	保留	UCABDEN

UCDELIMx：打断/同步分隔符长度选取位。

00——1 位时长。

01——2 位时长。

10——3 位时长。

11——4 位时长。

UCSTOE：同步字段超时错误检测标志位。

0——无同步字段超时错误。

1——同步字段长度超出可测量时间。

UCBTOE：打断超时错误标志位。

0——无打断超时错误。

1——打断字段长度超出 22 位时长。

UCABDEN：自动波特率检测使能位。

0——波特率检测禁止。不测量打断和同步字段长度。

1——波特率检测使能。测量中断和同步字段的长度，且改变波特率的设置。

10. USCI_A0 IrDA 发送控制寄存器（UCA0IRTCTL）

UCA0IRTCTL 的定义见表 6-11。

表 6-11　UCA0IRTCTL

7　6　5　4　3　2	1	0
UCIRTXPLx	UCIRTXCLK	UCIREN

UCIRTXPLx：发送脉冲长度。脉冲长度 $t_{PULSE}=(UCIRTXPLx + 1)/ (2 \times f_{BRCLK})$

UCIRTXCLK：IrDA 的发送脉冲时钟选择位。

0——BRCLK。

1——当 UCOS16=1 时，选择 BITCLK16；否则，选择 BRCLK。

UCIREN：IrDA 编码器/解码器使能位。

0——禁止 IrDA 编码器/解码器。

1——使能 IrDA 编码器/解码器。

11．USCI_A0 IrDA 接收控制寄存器（UCA0IRRCTL）

UCA0IRRCTL 的定义见表 6-12。

表 6-12　UCA0IRRCTL

7　6　5　4　3　2	1	0
UCIRRXFLx	UCIRRXPL	UCIRRXFE

UCIRRXFLx：接收过滤器长度。

接收的最小脉冲长度：$t_{MIN}= (UCIRRXFLx + 4) / (2 \times f_{BRCLK})$。

UCIRRXPL：IrDA 接收输入的 UCAxRXD 极性。

0——当检测到一个低电平时，IrDA 收发器输入一个高电平。

1——当检测到一个高电平时，IrDA 收发器输入一个低电平。

UCIRRXFE：IrDA 接收滤波器使能位。

0——禁止 IrDA 接收滤波器。

1——使能 IrDA 接收滤波器。

12．中断使能寄存器 2（IE2）

IE2 的定义见表 6-13。

表 6-13　IE2

7　6　5　4　3　2	1	0
用于其他模块	UCA0TXIE	UCA0RXIE

UCA0TXIE：USCI_A0 发送中断使能控制位。

0——禁止中断。

1——使能中断。

UCA0RXIE：USCI_A0 接收中断使能控制位。

0——禁止中断。

1——使能中断。

13．中断标志寄存器 2（IFG2）

IFG2 的定义见表 6-14。

表 6-14 IFG2

7 6 5 4 3 2	1	0
用于其他模块	UCA0TXIFG	UCA0RXIFG

UCA0TXIFG：USCI_A0 发送中断标志位。当 UCA0TXBUF 为空时，UCA0TXIFG 位置位。

0——无中断。

1——有中断。

UCA0RXIFG：USCI_A0 接收中断标志位。当 UCA0RXBUF 接收一个完整字符时，UCA0RXIFG 位置位。

0——无中断。

1——有中断。

6.4 SPI 同步串行通信

串行外设接口（Serial Peripheral Interface，SPI）是摩托罗拉（Motorola）公司提出的一种同步串行通信总线，它可以使单片机与各种外围设备以串行的方式实现数据的交换。SPI 采用主从模式架构，由一个主设备和一个或多个从设备组成，主从设备之间只需要 3 根线或 4 根线便可以实现同步通信，具有高速、全双工、接口线少的特点，主要应用在实时时钟、A/D 转换器、LCD 驱动、Flash 等领域。

SPI 典型结构如图 6-8 所示，其中，SCK（Serial Clock）为串行时钟，由主机控制，用于同步 SPI 间数据传输的时钟信号；SIMO（Slave Input，Master Output）为从入主出，即数据由从机输入，主机输出；SOMI（Slave Output，Master Input）为从出主入，即数据由主机输入，从机输出；STE（Slave Transmit Enable）为从机控制信号，由主机发出，低电平有效。

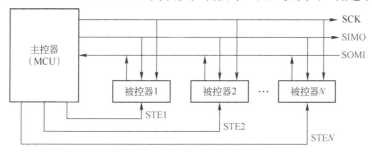

图 6-8 SPI 典型结构

6.4.1 SPI 通信简介

MSP430G2553 单片机的 USCI_A 模块和 USCI_B 模块都支持 SPI 通信模式。在同步模式中，SPI 通过 UCxSIMO、UCxSOMI、UCxCLK 和 UCxSTE 中的 3 线或 4 线将 MSP430 单片机与一个外部系统连接。当 USCI 控制寄存器 0 中的 UCSYNC=1 时，USCI 工作于 SPI 模式。当 UCMODEx 控制位为 00 时，选择 SPI 模式工作于 3 线；当 UCMODEx 控制位为 01 或 10 时，选择 SPI 模式工作于 4 线。

SPI 模式的特性包括：

● 7 位或 8 位传输数据长度；

- 最低有效位（LSB）优先或最高有效位（MSB）优先发送和接收数据模式；
- 3 线和 4 线 SPI 控制；
- 具有主机模式或从机模式；
- 独立的发送和接收移位寄存器；
- 独立的发送和接收缓冲寄存器；
- 支持连续发送和接收操作；
- 可选的时钟极性和相位控制；
- 主机模式下可编程的时钟频率；
- 独立的接收中断和发送中断功能；
- 从机模式可工作于 LPM4 低功耗模式。

图 6-9 为 SPI 模式下的 USCI 结构框图，主要包括时钟发生部分、数据发送部分和数据接收部分。

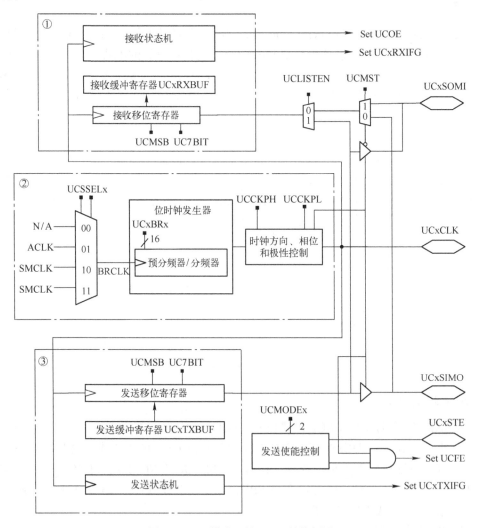

图 6-9 SPI 模式下的 USCI 结构框图

时钟发生部分用于产生 SPI 通信所需的时钟信号。当控制位 UCMST=0 时，USCI 为从设备，自身不需要提供时钟，同步时钟由主设备通过外部引脚 UCxCLK 输入；当控制位 UCMST=1 时，同步时钟由 USCI 的位时钟发生器提供。位时钟发生器实质上是一个 16 位分频器，其分频系数由控制位 UCxBRx 确定。位时钟发生器的时钟源可以选自 ACLK 和 SMCLK，由控制位 UCSSELx 确定。UCxCLK 的极性和相位控制可由 UCCKPH 设置。

数据发送部分用于完成 SPI 通信中的数据发送工作，主要包括发送缓冲寄存器 (UCxTXBUF)、发送移位寄存器和发送状态机三个部分，其中，发送缓冲寄存器用于暂存待发送的数据，发送移位寄存器是将 UCxTXBUF 中的数据在时钟控制下逐位发送出去，发送状态机可置位发送中断标志位 (UCxTXIFG)。

数据接收部分用于完成 SPI 通信中的数据接收工作，主要包括接收缓冲寄存器 (UCxRXBUF)、接收移位寄存器和接收状态机三个部分，其中，接收缓冲寄存器用于暂存接收到的数据，接收移位寄存器是将线路上的数据在时钟控制下逐位接收到 UCxRXBUF，接收状态机可置位接收中断标志位 (UCxTXIFG)。当 UCxTXIFG=1 时，表示 UCxRXBUF 数据已准备好，等待用户读取。若前一个字符未被读取，而后一个字符又写入 UCxRXBUF 中，则数据溢出标志位 UCOE 置位。

6.4.2　SPI 通信模式

1．SPI 主机模式

在 SPI 主机模式下，USCI 模块作为主机，外围设备作为从机，连接示意图如图 6-10 所示。

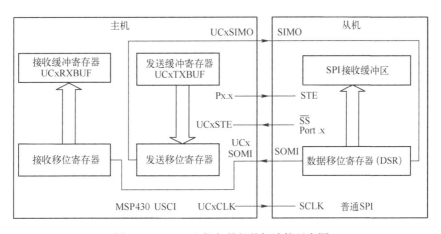

图 6-10　USCI 主机与外部从机连接示意图

当控制位 UCMST=1 时，USCI 模块工作在 SPI 主机模式。当数据传送到发送缓冲寄存器 UCxTXBUF 时，USCI 开始数据传送。当发送移位寄存器为空时，UCxTXBUF 缓冲区的数据将移入发送移位寄存器，并通过 UCxSIMO 引脚传送数据，至于数据是最高位优先还是最低位优先，由 UCMSB 标志位进行设置。UCxSOMI 引脚上的数据在极性相反的时钟沿上被移入接收移位寄存器。当接收到字符之后，数据从接收移位寄存器送入接收缓冲寄存器 UCxRXBUF 中，并且置位接收中断标志位 UCxRXIFG，表示数据接收完成。

当发送中断标志位 UCxTXIFG 置 1 时，表示数据已经从 UCxTXBUF 移入发送移位寄存器中且 UCxTXBUF 已经做好传输新数据的准备，但并不代表数据发送完成。在主机模式下，为了接收 USCI 数据，必须事先向 UCxTXBUF 写入一个数据。

在 4 线主机模式中，UCxSTE 被用来防止与其他主机发生总线"冲突"。当 UCxSTE=1 时，主机处于激活状态；当 UCxSTE =0 时，主机处于非激活状态。

当主机处于非激活状态时：

● UCxSIMO 和 UCxCLK 设置为输入状态，且不再驱动总线；

● 错误标志位 UCFE 置位，表明存在违反通信完整性情况；

● 内部状态位复位，取消移位操作。

如果当前主机处于非激活状态，那么，数据写入 UCxTXBUF，并且，一旦主机切换为激活状态，数据被立即发送。如果在数据发送过程中，主机切换到非激活状态，那么会导致数据发送停止。当主机切换到激活状态时，需要将数据重新写入 UCxTXBUF。

2. SPI 从机模式

在 SPI 从机模式下，USCI 模块作为从机，外围设备作为主机，连接示意图如图 6-11 所示。

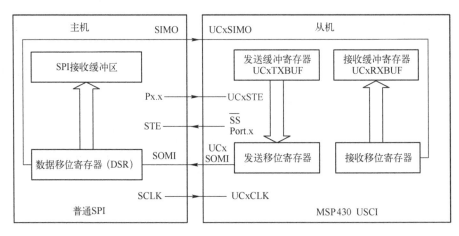

图 6-11 USCI 从机与外部主机连接示意图

当控制位 UCMST=0 时，USCI 模块工作在 SPI 从机模式。在从机模式下，时钟来自于外部主机，从机的 UCxCLK 为输入状态，串行数据传输速率取决于主设备时钟。在 UCxCLK 开始前，需要将数据写入 UCxTXBUF。由 UCxTXBUF 移入发送移位寄存器中的数据在主机的 UCxCLK 的作用下，通过从机的 UCxSOMI 引脚发送给主机。同时，主机的 UCxSIMO 信号线上的数据移入接收移位寄存器，当设定位数的数据全部接收后，在 UCxCLK 反向沿时刻将数据移入 UCxRXBUF，UCxRXIFG 中断标志位置位，表明数据接收完成。在新数据写入 UCxRXBUF 时，如果前一个接收的数据还未从 UCxRXBUF 中被读取，则会产生溢出错误，UCOE 位置位。

在 4 线从机模式中，从机使用 UCxSTE 控制位使能发送和接收操作，该位由 SPI 主机提供。当 UCxSTE=1 时，从机处于激活状态；当 UCxSTE =0 时，从机处于非激活状态。

当从机处于非未激活状态时：

- 停止 UCxSIMO 上所有的操作；
- UCxSOMI 设置为输入方向；
- 停止移位操作，直到 UCxSIMO 线传输进入从机激活状态。

6.4.3　SPI 模块寄存器

在 SPI 模式下，相关的 USCI 寄存器见表 6-15。

表 6-15　USCI_A0/ USCI_B0 寄存器

寄存器	缩写	类型	地址	初始状态
USCI_A0 控制寄存器 0	UCA0CTL0	读/写	060H	PUC 复位
USCI_A0 控制寄存器 1	UCA0CTL1	读/写	061H	001H 与 PUC 复位
USCI_A0 波特率控制寄存器 0	UCA0BR0	读/写	062H	PUC 复位
USCI_A0 波特率控制寄存器 1	UCA0BR1	读/写	063H	PUC 复位
USCI_A0 调制控制寄存器	UCA0MCTL	读/写	064H	PUC 复位
USCI_A0 状态寄存器	UCA0STAT	读/写	065H	PUC 复位
USCI_A0 接收缓冲寄存器	UCA0RXBUF	读	066H	PUC 复位
USCI_A0 发送缓冲寄存器	UCA0TXBUF	读/写	067H	PUC 复位
USCI_B0 控制寄存器 0	UCB0CTL0	读/写	068H	001H 与 PUC 复位
USCI_B0 控制寄存器 1	UCB0CTL1	读/写	069H	001H 与 PUC 复位
USCI_B0 波特率控制寄存器 0	UCB0BR0	读/写	06AH	PUC 复位
USCI_B0 波特率控制寄存器 1	UCB0BR0	读/写	06BH	PUC 复位
USCI_B0 状态寄存器	UCB0STAT	读/写	06DH	PUC 复位
USCI_B0 接收缓冲寄存器	UCB0RXBUF	读	06EH	PUC 复位
USCI_B0 发送缓冲寄存器	UCB0TXBUF	读/写	06FH	PUC 复位
中断使能寄存器 2	IE2	读/写	001H	PUC 复位
中断标志寄存器 2	IFG2	读/写	003H	00AH 与 PUC 复位

下面详细介绍 USCI_A0 和 USCI_B0 的各寄存器。

1.　USCI_A0/ USCI_B0 控制寄存器 0（UCA0CTL0/UCB0CTL0）

UCA0CTL0/ UCB0CTL0 的定义见表 6-16。

表 6-16　UCA0CTL0/ UCB0CTL0

7	6	5	4	3	2　　1	0
UCCKPH	UCCKPL	UCMSB	UC7BIT	UCMST	UCMODEx	UCSYNC

UCCKPH：时钟相位选择位。

0——数据在第一个 UCLK 边沿改变，在下一个边沿捕获。

1——数据在第一个 UCLK 边沿捕获，在下一个边沿改变。

UCCKPL：时钟极性选择位。

0——非激活状态为低电平。

1——非激活状态为高电平。

UCMSB：高/低位优先选择位。控制移位寄存器接收和发送的方向。

0——LSB 优先。

1——MSB 优先。

UC7BIT：字符长度控制位。选择 7 位或 8 位长度字符。

0——8 位数据。

1——7 位数据。

UCMST：主从模式选择控制位。

0——从机模式。

1——主机模式。

UCMODEx：USCI 模式选择位。当 UCSYNC=1 时，UCMODEx 位选择同步模式。

00——3 线 SPI 模式。

01——4 线 SPI 模式，且当 UCxSTE=1 时，从机使能。

10——4 线 SPI 模式，且当 UCxSTE=0 时，从机使能。

11——I^2C 模式。

UCSYNC：同步模式使能控制位。

0——异步模式。

1——同步模式。

2. USCI_A0/ USCI_B0 控制寄存器 1（UCA0CTL1/UCB0CTL1）

UCA0CTL1/ UCB0CTL1 的定义见表 6-17。

表 6-17　UCA0CTL1/ UCB0CTL1

7　　6	5~1	0
UCSSELx	未使用	UCSWRST

UCSSELx：USCI 时钟源选择位。选择 BRCLK 时钟源。

00——不可用。

01——ACLK。

10——SMCLK。

11——SMCLK。

UCSWRST：软件复位使能控制位。

0——禁止软件复位。

1——启用软件复位，USCI 逻辑保持复位状态。

3. USCI_A0/USCI_B0 波特率控制寄存器 0（UCA0BR0/ UCB0BR0）

UCA0BR0/UCB0BR0 的定义见表 6-18。

表 6-18　UCA0BR0/UCB0BR0

7	6	5	4	3	2	1	0
			UCBRx——低字节				

4. USCI_A0/ USCI_B0 波特率控制寄存器 1（UCA0BR1/UCB0BR1）

UCA0BR1/UCB0BR1 的定义见表 6-19。

表 6-19 UCA0BR1/UCB0BR1

7	6	5	4	3	2	1	0
			UCBRx——高字节				

UCBRx：波特率发生器的时钟预分频器设置。(UCx0BR0 + UCx0BR1 × 256) 的 16 位值组成了分频值。式中 x 表示 A 或 B。

5．USCI_A0/ USCI_B0 状态寄存器（UCA0STAT/UCB0STAT）

UCA0STAT/ UCB0STAT 的定义见表 6-20。

表 6-20 UCA0STAT/UCB0STAT

7	6	5	4~1	0
UCLISTEN	UCFE	UCOE	未使用	UCBUSY

UCLISTEN：监听使能位。UCLISTEN 位选择闭环回路模式。

0——禁止监听。

1——使能监听。UCxTXD 被内部反馈到接收器。

UCFE：帧错误标志位。该位表示 4 线主机模式下的总线冲突。

0——无错误。

1——发生总线冲突。

UCOE：溢出错误标志位。当读取前一个字符前，将字符传送到 UCxRXBUF 时，该位被置位。当读取 UCxRXBUF 时，UCOE 自动复位。注意，UCOE 不能采用软件清除，否则，UART 将无法正常工作。

0——无错误。

1——发生溢出错误。

UCBUSY：USCI "忙" 标志位。该位表示是否有一个发送或接收操作正在进行。

0——USCI 空闲。

1——USCI 正在发送或接收。

6．USCI_A0/USCI_B0 接收缓冲寄存器（UCA0RXBUF/UCB0RXBUF）

UCA0RXBUF/ UCB0RXBUF 的定义见表 6-21。

表 6-21 UCA0RXBUF/ UCB0RXBUF

7	6	5	4	3	2	1	0
			UCRXBUFx				

UCRXBUFx：接收数据缓冲区用于存放从接收移位寄存器最后接收到的字符，可由用户访问。对 UCxRXBUF 进行读操作，将复位接收错误标志位和 UCxRXIFG。在 7 位数据模式下，UCxRXBUF 是 LSB 对齐的，并且 MSB 总为 0。

7．USCI_A0/USCI_B0 发送缓冲寄存器（UCA0TXBUF/UCB0TXBUF）

UCA0TXBUF/ UCB0TXBUF 的定义见表 6-22。

表 6-22 UCA0TXBUF/UCB0TXBUF

7	6	5	4	3	2	1	0
			UCTXBUFx				

UCTXBUFx：发送数据缓冲区用于保存等待被转移到发送移位寄存器和 UCxTXD 上传输的数据，可由用户访问。对 UCTXBUFx 进行写操作，UCxTXIFG 清零。在 7 位数据模式下，UCxTXBUF 的 MSB 位为 0。

8. 中断使能寄存器 2（IE2）

IE2 的定义见表 6-23。

表 6-23 IE2

7~4	3	2	1	0
用于其他模块	UCB0TXIE	UCB0RXIE	UCA0TXIE	UCA0RXIE

UCB0TXIE：USCI_B0 发送中断使能控制位。

0——禁止中断。

1——使能中断。

UCB0RXIE：USCI_B0 接收中断使能控制位。

0——禁止中断。

1——使能中断。

UCA0TXIE：USCI_A0 发送中断使能控制位。

0——禁止中断。

1——使能中断。

UCA0RXIE：USCI_A0 接收中断使能控制位。

0——禁止中断。

1——使能中断。

9. 中断标志寄存器 2（IFG2）

IFG2 的定义见表 6-24。

表 6-24 IFG2

7~4	3	2	1	0
用于其他模块	UCB0TXIFG	UCB0RXIFG	UCA0TXIFG	UCA0RXIFG

UCB0TXIFG：USCI_B0 发送中断标志位。当 UCB0TXBUF 为空时，UCB0TXIFG 位置位。

0——无中断。

1——有中断。

UCB0RXIFG：USCI_B0 接收中断标志位。当 UCB0RXBUF 接收一个完整字符时，UCB0RXIFG 位置位。

0——无中断。

1——有中断。

UCA0TXIFG：USCI_A0 发送中断标志位。当 UCA0TXBUF 为空时，UCA0TXIFG 位置位。

0——无中断。

1——有中断。

UCA0RXIFG：USCI_A0 接收中断标志位。当 UCA0RXBUF 接收一个完整字符时，

UCA0RXIFG 位置位。

  0——无中断。

  1——有中断。

6.5 I^2C 总线串行通信

  I^2C（Inter-Integrated Circuit）总线是由飞利浦（Philips）公司开发的一种双向同步串行总线。它只需要两根线，就可以实现器件之间数据的交换和传递。I^2C 总线具有接口线少、控制简单、通信速率高等优点，常用于微控制器和外围设备之间的通信。

6.5.1 I^2C 通信简介

  MSP430G2553 单片机的 USCI_B0 模块支持 I^2C 通信模式，能够实现单片机与具有 I^2C 接口的设备之间的信息交互，如 A/D 转换器、D/A 转换器、存储器、LCD 控制器、实时时钟等。

  图 6-12 为 MSP430 单片机与外部 I^2C 设备的典型连接框图。在同步模式中，I^2C 接口通过串行时钟线（SCL）和串行数据线（SDA）与外部设备连接。每个设备都有唯一地址，既可以作为发送设备，又可以作为接收设备，或者一个设备同时具备发送和接收功能（存储器）。当进行数据传输时，连接到 I^2C 总线的设备可工作于主机模式或从机模式。主机发起数据传输，生成时钟信号 SCL，并根据设备地址访问从机，从机做出应答，进而实现与主机的通信。

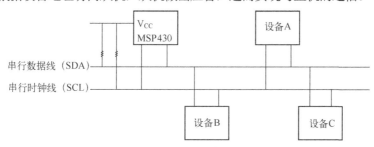

图 6-12 MSP430 单片机与外部 I^2C 设备的典型连接框图

  由于 SDA 和 SCL 是双向 I/O 端口线，采用集电极开路输出的结构，因此，连接到 I^2C 总线上的所有设备的 SDA 和 SCL 引脚都需要外接上拉电阻，且电压不能超过 MSP430 V_{CC} 电压。

  当 UCSYNC=1，UCMODEx =11 时，USCI_B0 模块工作于 I^2C 模式。

  I^2C 模式的特性如下。

  1）符合飞利浦公司发布的 2.1 版本的 I^2C 技术规格。

  ● 7 位和 10 位设备寻址模式。

  ● 群呼功能。

  ● 开始、重新起始和停止信号的建立。

  ● 多主机收发模式。

  ● 从机收发模式。

  ● 标准模式下的传输速率可达 100kbit/s，快速模式下高达 400kbit/s。

  2）支持主机模式下的可编程的时钟频率。

  3）低功耗设计。

4）从机根据检测到的开始信号能自动将单片机从 LPMx 低功耗模式中"唤醒"。

5）从机模式可工作于 LPM4 低功耗模式。

6.5.2 I²C 逻辑结构与原理

1. I²C 逻辑结构

图 6-13 为 I²C 模式下的 USCI 框图，主要包括 I²C 接收部分、I²C 状态机、I²C 发送部分和 I²C 时钟发生器。

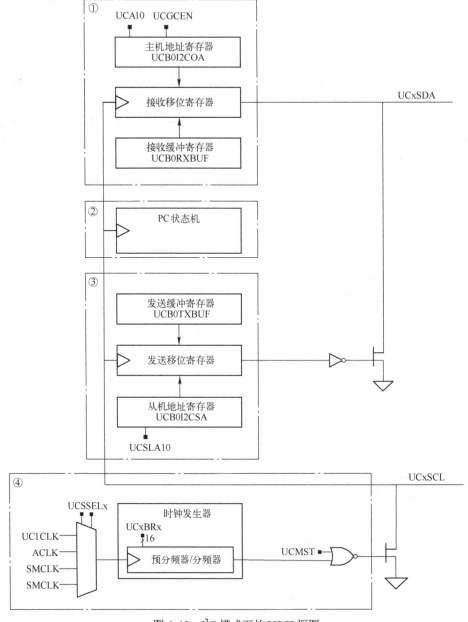

图 6-13 I²C 模式下的 USCI 框图

I^2C 时钟发生器用于产生 I^2C 通信所需的串行同步时钟 UCxSCL 信号。当控制位 UCMST=0 时，USCI 为从设备，自身不需要提供时钟；当控制位 UCMST=1 时，同步时钟由 USCI 的位时钟发生器提供。位时钟发生器实质上是一个 16 位分频器，其分频系数由控制位 UCxBRx 确定。位时钟发生器的时钟源可以选自 UC1CLK、ACLK 和 SMCLK，由控制位 UCSSELx 确定。

I^2C 发送部分用于 I^2C 协议下的数据发送工作，主要包括发送缓冲寄存器（UCB0TXBUF）、发送移位寄存器和从机地址寄存器（UCB0I2CSA）三个部分，其中，发送缓冲寄存器用于暂存待发送的数据；发送移位寄存器是将 UCB0TXBUF 中的数据在时钟控制下逐位发送出去；从机地址寄存器为 16 位寄存器，用于存放从机地址，支持 7 位或 10 位地址格式，具体由控制位 UCSLA10 确定。

I^2C 接收部分可以自动检测 I^2C 总线上的信号，主要包括接收缓冲寄存器（UCB0RXBUF）、接收移位寄存器和主机地址寄存器（UCB0I2COA）三个部分，其中，接收缓冲寄存器用于暂存接收到的数据；接收移位寄存器是将线路上的数据在时钟控制下逐位接收到 UCB0RXBUF；主机地址寄存器为 16 位寄存器，用于存放 USCI 作为主机时的地址，支持 7 位或 10 位地址格式，具体由控制位 UCA10 确定。在 10 位寻址方式中，最高位 UCGCEN 为群呼响应使能控制位。

I^2C 状态机用于控制和查询当前通信过程中的状态信息，主要反应在状态寄存器的各个控制位中。

2. I^2C 串行通信数据格式

I^2C 串行通信的标准数据格式中有起始信号、从设备地址、数据传输和停止信号 4 个部分，数据传输时序如图 6-14 所示。

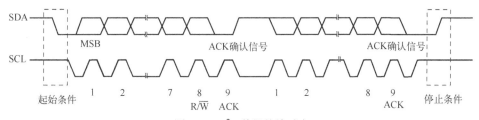

图 6-14　I^2C 数据传输时序

起始信号和停止信号是由主机产生的。当 SCL 为高电平时，SDA 上由高电平至低电平的跳变将产生起始信号。主机发送一个起始信号后，启动一次 I^2C 通信。I^2C 总线上传输的数据以字节为单位，最高有效位优先。传输的第一个字节由 7 位从机地址和 1 位读写标志 R/$\overline{W}$ 位组成。当 R/$\overline{W}$ = 0 时，主机向从机发送数据。当 R/$\overline{W}$ = 1 时，主机接收数据。在每次传输完一个字节数据后，从机需要向主机发送一个特定的低电平脉冲以表示接收到数据，该低电平位于 SCL 的第 9 位上，即为应答信号 ACK。当 SCL 为高电平时，SDA 上由低电平至高电平的跳变将产生停止信号。全部数据传输结束后，由主机发送停止信号，结束通信。

注意：在 SCL 为高电平期间，SDA 上的数据必须保持稳定。只能 SCL 为低时，才可以改变 SDA 的高低电平状态，否则将会产生起始条件和停止条件。

3. I^2C 寻址模式

I^2C 模块支持 7 位和 10 位两种寻址模式。7 位寻址模式最多可以寻址 128 个设备，10 位寻址模式最多可以寻址 1024 个设备。

（1）7 位寻址模式

7 位寻址模式如图 6-15 所示，其中第一个字节由 7 位从机地址和 R/$\overline{\text{W}}$ 位组成。在每个字节传输完后，从机都会发送一个应答信号 ACK。

图 6-15　I²C 模块 7 位寻址模式

（2）10 位寻址模式

10 位寻址模式如图 6-16 所示，其中，第一个字节由二进制位 11110、10 位从机地址的最高两位和 R/$\overline{\text{W}}$ 位组成，第二个字节是从机地址中的低 8 位，之后是 ACK 应答信号和 8 位数据。

图 6-16　I²C 模块 10 位寻址模式

6.5.3　I²C 通信模式

在 I²C 模式下，USCI 模块可以工作于主机模式或从机模式。

1. I²C 主机模式

当 UCMODEx=11、UCSYNC=1、UCMST=1 时，USCI 模块工作于 I²C 模式下的主机模式。若当前总线上有多个主机，则必须置位 UCMM，并且将自身地址写入 UCB0I2COA 寄存器。当 UCA10=0 时，选择 7 位寻址模式；当 UCA10=1 时，选用 10 位寻址模式。UCGCEN 控制位用于决定 USCI 模块是否响应群呼。

（1）I²C 主机发送模式

I²C 主机发送模式初始化操作如下：将目标从机地址写入寄存器 UCB0I2CSA，通过 UCSLA 10 位选择从机地址的位数，置位 UCTR 选择发送模式，置位 UCTXSTT 产生起始信号。

USCI 模块首先检测总线是否空闲。若总线空闲，则产生一个起始信号并发送从机地址。当起始信号产生且第一个写入 UCB0TXBUF 的数据被发送后，UCB0TXIFG 置位。一旦从机对地址做出应答，UCTXSTT 位清零。在发送从机地址过程中，如果总线仲裁没有失效，那么将发送写入 UCB0TXBUF 中的数据。当数据由发送缓冲寄存区移入发送移位寄存器中时，UCB0TXIFG 将再次置位。如果在应答信号 ACK 到来之前，没有新数据写入 UCB0TXBUF 中，那么 SCL 总线将保持低电平状态，直到数据写入缓冲器 UCB0TXBUF 中。在数据传输或总线保持时，UCTXSTP、UCTXSTT 不会被置位。

置位 UCTXSTP 将在从机下一个应答信号到来之后产生一个停止信号。如果在从机地址发送过程中或 USCI 模块等待数据写入 UCB0TXBUF 时置位 UCTXSTP，那么也会产生一个停止信号。当发送单字节数据时，在数据传输开始后必须置位 UCTXSTP，否则，只传送地址信息。当数据由发送缓冲寄存器转移到发送移位寄存器时，UCB0TXIFG 置位，表明数据传输已经开始，此时可以置位 UCTXSTP。

置位 UCTXSTT 将会产生一个重复起始信号。这时，通过置位或清零 UCTR，可将设备配置为发送端或接收端。如果从机没有响应主机发送的数据，则无应答中断标志 UCNACKIFG 置位，主机必须发送一个停止信号或者重复起始信号来响应。如果数据已经写入 UCB0TXBUF 中，那么该数据将被丢失，需要重新将它写入 UCB0TXBUF 中，才能被发送出去。

图 6-17 给出了 I²C 主机发送操作流程。

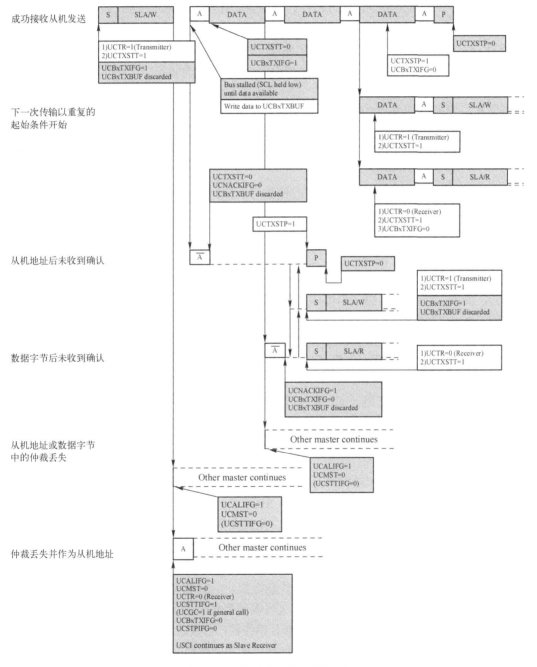

图 6-17　I²C 主机发送操作流程

（2）I²C 主机接收模式

I²C 主机接收模式初始化操作如下：将目标从机地址写入寄存器 UCB0I2CSA、通过 UCSLA10 位选择从机地址的位数、置位 UCTR 选择接收模式、置位 UCTXSTT 产生起始信号。

USCI 模块首先检测总线是否空闲。若总线空闲，则产生一个起始信号并发送从机地址。一旦从机对地址做出应答，UCTXSTT 位清零。在从机对地址应答后，主机将接收到从机发送的第一个数据字节并发送应答信号 ACK，同时置位 UCB0RXIFG 标志。只要 UCTXSTP 或 UCTXSTT 不被置位，主机就能一直接收到从机发来的数据。接收到的数据存放在 UCB0RXBUF 中，在接收数据最后一位时，若主机没有读取 UCB0RXBUF，主机将一直占用总线直到 UCB0RXBUF 被读取。

如果从机没有响应发送的地址，则无应答中断标志位 UCNACKIFG 置位。主机必须发送一个停止信号或者重复起始信号的方式来响应。置位 UCTXSTP 将会产生一个停止信号。如果主机只想接收一个单字节数据，那么在接收字节的过程中必须将 UCTXSTP 位置位。

置位 UCTXSTT 将会产生一个重复起始信号。这时，通过置位或清零 UCTR，可将设备配置为发送端或接收端，还可以将不同的地址写入 UCB0I2CSA。

图 6-18 给出了 I²C 主机接收操作流程。

2. I²C 从机模式

当 UCMODEx=11、UCSYNC=1、UCMST=0 时，USCI 模块工作于 I²C 模式下的从机模式。首先，清零 UCTR 位，将 USCI 模块设置为接收模式，以接收 I²C 从机地址；然后，根据接收到的 R/$\overline{W}$ 位和从机地址，自动控制发送和接收操作。

USCI 从机地址是通过 UCB0I2COA 寄存器编程设定的。当 UCA10=0 时，选择 7 位寻址模式；当 UCA10=1 时，选用 10 位寻址模式。UCGCEN 控制位用于决定 USCI 模块是否响应群呼。

当在 I²C 总线上检测到一个起始信号时，USCI 模块将接收到的地址与存储在 UCBxI2COA 中的本机地址相比较。若接收地址与 USCI 从机地址一致，则置位 UCSTTIFG 中断标志位。

（1）I²C 从机发送模式

当主机发送的从机地址和从机自身地址相匹配，且 R/$\overline{W}$ =1 时，从机进入发送模式。从机发送端在主机 SCL 时钟脉冲信号控制下向 SDA 总线传输串行数据。从机不能产生时钟信号，但当一个字节发送完后需要 CPU 干预时，从机保持 SCL 为低电平。

如果主机向从机请求数据，USCI 模块会自动配置为发送模式，并置位 UCTR 和 UCBxTXIFG 位。在数据写入 UCB0TXBUF 之前，SCL 时钟线一直保持低电平。当地址被响应后，UCSTTIFG 标志位清除，然后开始传输数据。一旦数据移入移位寄存器，UCTXIFG 位重新置位，表明发送缓冲区为空，可再次写入需要传输的新数据。当主机接收响应数据后，写入 UCB0TXBUF 中的下一个字节数据开始传输，若发送缓冲区为空，SCL 总线一直保持为低电平，直到新数据写到 UCB0TXBUF 内。如果主机在 NACK 信号之后发送一个停止信号，则 UCSTPIFG 位置位；如果在 NACK 信号之后发送一个重复起始信号，则 USCI 模块的 I²C 状态机回到地址接收状态。

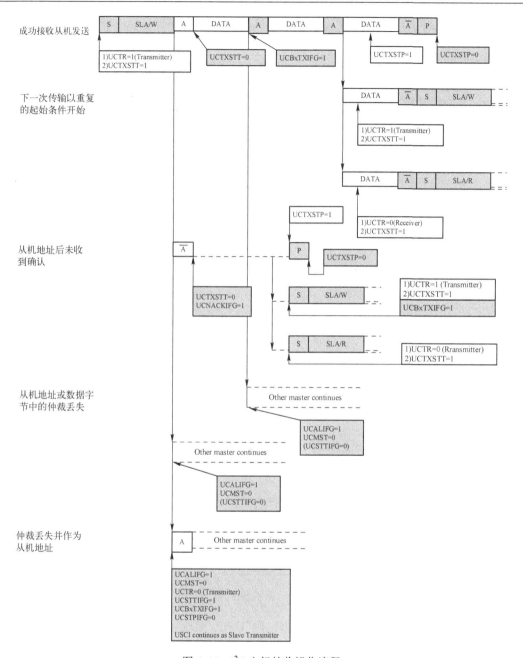

图 6-18　I²C 主机接收操作流程

图 6-19 给出了 I²C 从机发送操作流程。

（2）I²C 从机接收模式

当主机发送的从机地址和从机自身地址相匹配，且 $R/\overline{W}$ =0 时，从机进入接收模式。在从机接收模式中，从机在主机产生的 SCL 时钟脉冲信号控制下在 SDA 总线上接收串行数据。从机不能产生时钟信号，但当一个字节发送完后需要 CPU 干预时，从机保持 SCL 为低电平。

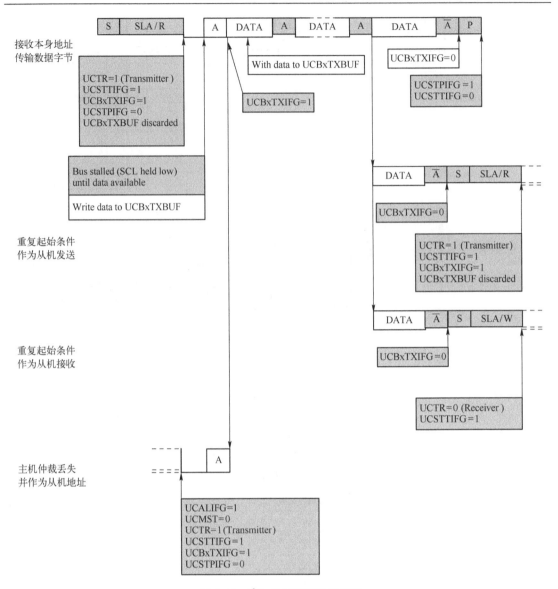

图 6-19　I²C 从机发送操作流程

　　如果从机需要接收主机发送过来的数据，则 USCI 模块将自动配置为接收模式，并清零 UCTR 位。在接收完第一个数据字节后，接收中断标志位 UCB0RXIFG 置位。USCI 模块会自动应答接收到的数据，并开始接收下一个字节数据。

　　如果接收完的数据没有从 UCB0RXBUF 内读出，则 SCL 时钟信号保持为低电平，总线停止数据传输。当 UCB0RXBUF 中的数据被读时，从机会发送一个应答信号给主机，然后开始接收下一个数据。

　　置位 UCTXNACK 位，从机会在下一个应答周期内发送一个 NACK 信号给主机。如果在 SCL 信号为低电平时置位 UCTXNACK 位，总线将会释放，并立即发送一个 NACK 信号，同时 UCB0RXBUF 将装载最后一次接收的数据。由于先前的数据没有读出，因此会导致数据丢失。为了避免数据的丢失，应在 UCTXNACK 位置位之前读出 UCB0RXBUF 中的数据。

当主机产生一个停止信号时，UCSTPIFG 标志位置位。如果主机产生一个重复起始信号，则 USCI 模块的 I²C 状态机回到地址接收状态。

图 6-20 给出了 I²C 从机接收操作流程。

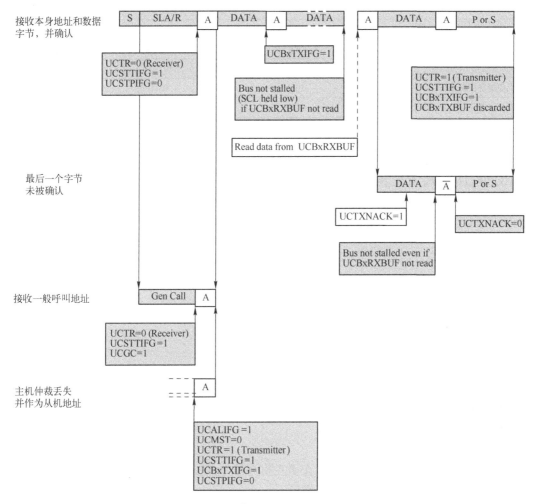

图 6-20　I²C 从机接收操作流程

6.5.4　I²C 模块寄存器

I²C 模式下的相关 USCI_B0 寄存器见表 6-25。

表 6-25　USCI_B0 寄存器

寄存器	缩写	类型	地址	初始状态
USCI_B0 控制寄存器 0	UCB0CTL0	读/写	068H	001h 与 PUC 复位
USCI_B0 控制寄存器 1	UCB0CTL1	读/写	069H	001H 与 PUC 复位
USCI_B0 波特率控制寄存器 0	UCB0BR0	读/写	06AH	PUC 复位
USCI_B0 波特率控制寄存器 1	UCB0BR1	读/写	06BH	PUC 复位
USCI_B0 I²C 中断使能寄存器	UCB0I2CIE	读/写	06CH	PUC 复位

（续）

寄存器	缩写	类型	地址	初始状态
USCI_B0 状态寄存器	UCB0STAT	读/写	06DH	PUC 复位
USCI_B0 接收缓冲寄存器	UCB0RXBUF	读	06EH	PUC 复位
USCI_B0 发送缓冲寄存器	UCB0TXBUF	读/写	06FH	PUC 复位
USCI_B0 I²C 本机地址寄存器	UCB0I2COA	读/写	0118H	PUC 复位
USCI_B0 I²C 从机地址寄存器	UCB0I2CSA	读/写	011AH	PUC 复位
中断使能寄存器 2	IE2	读/写	001H	PUC 复位
中断标志寄存器 2	IFG2	读/写	003H	00AH 与 PUC 复位

下面详细介绍 USCI_B0 各寄存器。

1. USCI_B0 控制寄存器 0（UCB0CTL0）

UCB0CTL0 的定义见表 6-26。

表 6-26　UCB0CTL0

7	6	5	4	3	2　　1	0
UCA10	UCSLA10	UCMM	未使用	UCMST	UCMODEx=11	UCSYNC=1

UCA10：本机地址模式选择位。

0——本机地址为 7 位地址。

1——从机地址为 10 位地址。

UCSLA10：从机地址模式选择位。

0——本机地址为 7 位地址。

1——从机地址为 10 位地址。

UCMM：多主机模式选择位。

0——单主机模式。

1——多主机模式。

UCMST：主从模式选择控制位。在多主机环境下（UCMM=1），当主机失去仲裁时，UCMST 位自动清零，且主机作为从机操作。

0——从机模式。

1——主机模式。

UCMODEx：USCI 模式选择位。当 UCSYNC=1 时，UCMODEx 位选择同步模式。

00——3 线 SPI 模式。

01——4 线 SPI 模式，且当 UCxSTE=1 时，从机使能。

10——4 线 SPI 模式，且当 UCxSTE=0 时，从机使能。

11——I²C 模式。

UCSYNC：同步模式使能控制位。

0——异步模式。

1——同步模式。

2. USCI_B0 控制寄存器 1（UCB0CTL1）

UCB0CTL1 的定义见表 6-27。

表 6-27　UCB0CTL1

7　　　6	5	4	3	2	1	0
UCSSELx	未使用	UCTR	UCTXNACK	UCTXSTP	UCTXSTT	UCSWRST

UCSSELx：USCI 时钟源选择位。选择 BRCLK 时钟源。

00——UCLKI。

01——ACLK。

10——SMCLK。

11——SMCLK。

UCTR：发送器/接收器控制位。

0——接收器。

1——发送器。

UCTXNACK：发送 NACK 信号控制位。在 NACK 信号发送完毕后，UCTXNACK 自动复位。

0——正常应答。

1——产生 NACK 信号。

UCTXSTP：主机模式下发送 STOP 信号控制位。在主机接收模式下，NACK 信号在 STOP 信号之前产生。在发送 STOP 信号后，UCTXSTP 自动清零。

0——不产生 STOP 信号。

1——产生 STOP 信号。

UCTXSTT：主机模式下发送 START 信号控制位。在主机接收模式下，NACK 信号在 START 信号之前产生。在发送 START 信号和地址信息后，UCTXSTT 自动清零。

0——不产生 START 信号。

1——产生 START 信号。

UCSWRST：软件复位使能控制位。

0——禁止软件复位。

1——启用软件复位，USCI 逻辑保持复位状态。

3. USCI_B0 波特率控制寄存器 0（UCB0BR0）

UCB0BR0 的定义见表 6-28。

表 6-28　UCB0BR0

7	6	5	4	3	2	1	0
			UCBRx——低字节				

4. USCI_B0 波特率控制寄存器 1（UCB0BR1）

UCB0BR1 的定义见表 6-29。

表 6-29　UCB0BR1

7	6	5	4	3	2	1	0
			UCBRx——高字节				

UCBRx：波特率发生器的时钟预分频器设置。(UCB0BR0+UCB0BR1×256)的 16 位值组

成了分频值。

5. USCI_B0 状态寄存器（**UCB0STAT**）

UCB0STAT 的定义见表 6-30。

表 6-30 UCB0STAT

7	6	5	4	3	2	1	0
未使用	UCSCLLOW	UCGC	UCBBUSY	UCNACKIFG	UCSTPIFG	UCSTTIFG	UCALIFG

UCSCLLOW：SCL 拉低状态标志位。

0——SCL 未被拉低。

1——SCL 被拉低。

UCGC：接收到群呼地址标志位。当接收到一个 START 信号时，UCGC 被自动清零。

0——没有接收到群呼地址。

1——接收到群呼地址。

UCBBUSY：总线"忙"标志位。

0——总线空闲。

1——总线"忙"。

UCNACKIFG：收到无应答中断标志位。当接收到一个 START 信号时，UCNACKIFG 自动清零。

0——无中断请求。

1——中断请求。

UCSTPIFG：停止信号中断标志位。当接收到一个 STOP 信号时，UCSTPIFG 被自动清零。

0——无中断请求。

1——中断请求。

UCSTTIFG：开始信号中断标志位。当接收到一个 START 信号时，UCSTTIFG 自动清零。

0——无中断请求。

1——中断请求。

UCALIFG：仲裁丢失中断标志位。

0——无中断请求。

1——中断请求。

6. USCI_B0 接收缓冲寄存器（**UCB0RXBUF**）

UCB0RXBUF 的定义见表 6-31。

表 6-31 UCB0RXBUF

7	6	5	4	3	2	1	0
			UCRXBUFx				

UCRXBUFx：接收数据缓冲区用于存放从移位寄存器最后接收到的字符，可由用户访问。对 UCB0RXBUF 进行读操作，将复位 UCB0RXIFG 位。

7. USCI_B0 发送缓冲寄存器（UCB0TXBUF）

UCB0TXBUF 的定义见表 6-32。

表 6-32　UCB0TXBUF

7	6	5	4	3	2	1	0
			UCTXBUFx				

UCTXBUFx：发送数据缓冲区用于保存等待被转移到发送移位寄存器和 UCB0TXD 上传输的数据，可由用户访问。对 UCTXBUFx 进行写操作，UCB0TXIFG 清零。

8. USCI_B0 I²C 本机地址寄存器（UCB0I2COA）

UCB0I2COA 的定义见表 6-33。

表 6-33　UCB0I2COA

15	14	13	12	11	10	9~0
UCGCEN	0	0	0	0	0	I2COAx

UCGCEN：群呼响应使能控制位。

0——不响应群呼。

1——响应群呼。

I2COAx：I²C 本机地址。I2COAx 位包含 USCI_B0 I²C 控制器的本地地址。该地址为右对齐。在 7 位寻址模式中，第 6 位是最高有效位，忽略第 7~9 位；在 10 位寻址模式中，第 9 位是最高有效位。

9. USCI_B0 I²C 从机地址寄存器（UCB0I2CSA）

UCB0I2CSA 的定义见表 6-34。

表 6-34　UCB0I2CSA

15	14	13	12	11	10	9~0
0	0	0	0	0	0	I2CSAx

I2CSAx：I²C 从机地址。I2CSAx 位包含 USCI_B0 I²C 控制器的从地地址。仅在主机模式中使用。该地址为右对齐。在 7 位寻址模式中，第 6 位是最高有效位，忽略第 7~9 位；在 10 位寻址模式中，第 9 位是最高有效位。

10. USCI_B0 I²C 中断使能寄存器（UCB0I2CIE）

UCB0I2CIE 的定义见表 6-35。

表 6-35　UCB0I2CIE

7~4	3	2	1	0
保留	UCNACKIE	UCSTPIE	UCSTTIE	UCALIE

UCNACKIE：无应答中断使能控制位。

0——中断禁止。

1——中断使能。

UCSTPIE：停止信号中断使能控制位。

0——中断禁止。

1——中断使能。

UCSTTIE：开始信号中断使能控制位。

0——中断禁止。

1——中断使能。

UCALIE：仲裁丢失中断使能控制位。

0——中断禁止。

1——中断使能。

11. 中断使能寄存器 2（IE2）

IE2 的定义见表 6-36。

表 6-36　IE2

7~4	3	2	1~0
用于其他模块	UCB0TXIE	UCB0RXIE	用于其他模块

UCB0TXIE：USCI_B0 发送中断使能控制位。

0——禁止中断。

1——使能中断。

UCB0RXIE：USCI_B0 接收中断使能控制位。

0——禁止中断。

1——使能中断。

12. 中断标志寄存器 2（IFG2）

IFG2 的定义见表 6-37。

表 6-37　IFG2

7~4	3	2	1~0
用于其他模块	UCB0TXIFG	UCB0RXIFG	用于其他模块

UCB0TXIFG：USCI_B0 发送中断标志位。当 UCB0TXBUF 为空时，UCB0TXIFG 位置位。

0——无中断。

1——有中断。

UCB0RXIFG：USCI_B0 接收中断标志位。当 UCB0RXBUF 接收一个完整字符时，UCB0RXIFG 位置位。

0——无中断。

1——有中断。

6.6　串行通信 Proteus 仿真实验

6.6.1　UART 数据收发仿真实验

【实验 6-1】 UART 收发上位机数据。

实验要求：采用 MSP430G2553 单片机与上位机进行串行通信，在 UART 模式下，通过 UCA0RXD 和 UCA0TXD 引脚接收上位机发来的数据并进行转发，然后将每次接收的数据（ASCII 码）在数码管上显示出来。采用波特率过采样操作模式，波特率设置为 9600。

分析：在过采样模式下，选用 SMCLK 作为波特率输入时钟源，且 $f_{SMCLK} = 1MHz$，要求波特率为 9600，则对应寄存器设置：UCA0BR0=0x06，UCA0BR1=0x00。

（1）硬件电路设计

MSP430G2553 单片机的 P1.1 和 P1.2 引脚分别对应 UART 模块的发送与接收引脚。采用两个虚拟终端来观测发送和接收的数据。P1.1 引脚连接到一个虚拟终端的发送端 TXD，P1.2 引脚连接到一个虚拟终端的接收端 RXD。采用两位带 BCD 译码的数码管连接到 P3 口，硬件电路如图 6-21 所示。

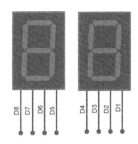

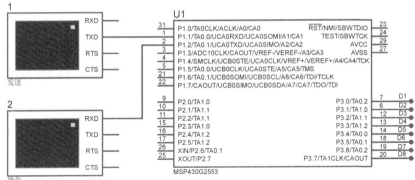

图 6-21　UART 收发上位机数据硬件电路图

（2）程序设计

```
#include <msp430g2553.h>

int main(void)                             //主函数
 {
    WDTCTL = WDTPW | WDTHOLD ;             //关闭"看门狗"
    P3DIR = 0xFF;
    P3OUT = 0;
    P1SEL = BIT1 + BIT2 ;                  // P1.1 = RXD，P1.2=TXD
    P1SEL2 = BIT1 + BIT2 ;
    UCA0CTL1 |= UCSSEL_2 +UCSWRST;         // SMCLK
    UCA0BR0 = 0x06;                        //输入频率为 1MHz，波特率为 9600
    UCA0BR1 = 0x00;
```

```
        UCA0MCTL =UCBRF3 + UCOS16 ;         //UCBRFx=8，过采样模式
        UCA0CTL1 &= ~UCSWRST;               //USCI 正常工作模式
        IE2 |= UCA0RXIE ;                    //使能接收中断
        __bis_SR_register(LPM0_bits+GIE);    //LPM3 低功耗模式，使能总中断
}


//接收中断处理函数
#pragma vector=USCIAB0RX_VECTOR
__interrupt void USCI0RX_ISR (void)
{
        UCA0TXBUF = UCA0RXBUF ;             //将数据发送到串口
        P3OUT = UCA0TXBUF ;
}
```

（3）仿真结果与分析

在 Proteus 原理图中，双击 MSP430G2553 单片机，设置 SMCLK 频率为 1MHz。在源代码区，对源文件进行编译，单击仿真运行按钮开始仿真。当在发送虚拟终端输入任意字符时，数据通过 UART 串行通信，并可在数码管上显示对应的 ASCII 码值。例如，在发送端输入 A 时，数码管显示 41，仿真结果如图 6-22 所示。

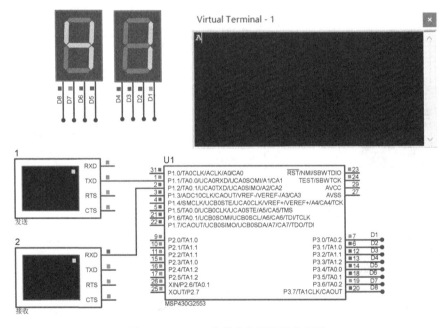

图 6-22　UART 收发上位机数据仿真图

6.6.2　SPI 同步串行通信仿真实验

【实验 6-2】　单片机与 74LS164 串行通信实现数码管显示实验。

实验要求：采用 MSP430G2553 单片机与 74LS164 移位寄存器进行串行通信，在 SPI 模式下，单片机通过时钟线和数据线与 74LS164 相连，向 74LS164 循环发送数据 0xFF～

0x00，并采用两位带 BCD 译码的数码管和 8 个 LED 分别显示。

分析：在本实验中，74LS164 是 8 位上升沿触发式移位寄存器，串行输入数据，然后并行输出。数据通过两个输入端（A 或 B）之一串行输入；任一输入端可以用作高电平使能端，控制另一输入端的数据输入。两个输入端或者连接在一起，或者把不用的输入端接高电平，一定不要悬空，数据由 $Q_A \sim Q_H$ 端并行输出。74LS164 的逻辑功能表见表 6-38。

表 6-38　74LS164 的逻辑功能表

输入				输出			
CLR	CP	A	B	Q_A	Q_B	...	Q_H
L	X	X	X	L	L	...	L
H	L	X	X	Q_{A0}	Q_{B0}	...	Q_{H0}
H	↑（上升沿）	H	H	H	Q_{An}	...	Q_{Gn}
H	↑	L	X	L	Q_{An}	...	Q_{Gn}
H	↑	X	L	L	Q_{An}	...	Q_{Gn}

由表 6-38 可知，CLR 为复位端，其值为低电平时，所有输入端无效，异步清零寄存器，所有输出为低电平。时钟（CP）每次由低变高时，由数据输入端 A 和 B 串行输入的数据右移一位。

（1）硬件电路设计

单片机的 P1.4（UCA0CLK）、P1.2（UCA0SIMO）引脚分别与 74LS164 的时钟输入端 CLK 和数据输入端 A、B 连接。74LS164 的 Q0～Q7 与两个带 BCD 译码的数码管（7seg-bcd）连接，并同时与 8 个 LED 连接。硬件电路如图 6-23 所示。

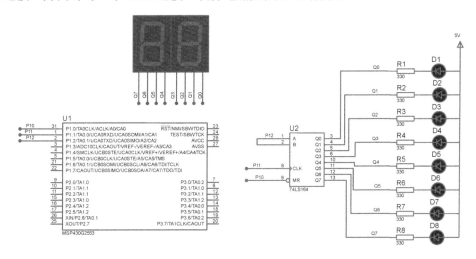

图 6-23　单片机与 74LS164 串行通信电路图

（2）程序设计

```
#include <msp430G2553.h>
#define uchar unsigned char
#define uint unsigned int
//头文件自带精确延时函数
```

```
#define CPU              (1000000)
#define delay_us(x)      (__delay_cycles((double)x*CPU/1000000.0))
#define delay_ms(x)      (__delay_cycles((double)x*CPU/1000.0))

#define CLR_H   P1OUT |=  BIT0        //清零端
#define CLR_L   P1OUT &= ~BIT0
#define CP_H    P1OUT |=  BIT1        //移位时钟
#define CP_L    P1OUT &= ~BIT1
#define SI_H    P1OUT |=  BIT2        //数据
#define SI_L    P1OUT &= ~BIT2

/**********发送1字节数据*************/
void SendOneByte(uchar Bdat)
{
    uchar i;

    for(i=0;i<8;i++)
    {
        if(Bdat & 0x80)
        SI_H;              //判断输出数据
        else
        SI_L;
        Bdat<<=1;          //更新数据
        CP_L;              //初始化移位时钟
        _NOP();
        CP_H;
    }
}

void main()
{
  uchar i;
  CLR_L;                 //清除74LS164输出
  CLR_H;                 //允许74LS164输出
  WDTCTL = WDTPW + WDTHOLD;         //关闭"看门狗"
  //设置系统时钟采用DC0=1MHz。CPU与子系统默认采用DC0
  DCOCTL=0;              //选择最低DCOx和MODx设置
  BCSCTL1 = CALBC1_1MHZ;            //为1MHz的BCSCTL1校准数据
  DCOCTL = CALDCO_1MHZ;

  P1DIR |= 0x07;
  while(1)
   {
      for(i=0xff;i>0;i--)
      {
        SendOneByte(i);    //译码显示
        delay_ms(1000);
      }
```

```
        }
    }
```

说明：在本实验中，采用软件模拟方式实现 SPI 串行通信。

（3）仿真结果与分析

在 Proteus 原理图中，双击 MSP430G2553 单片机，设置 SMCLK 的频率为 1MHz。在源代码区，对源文件进行编译，单击仿真运行按钮，可观察到数码管上轮流显示 FF～00，每隔 1s 变换一次，对应的 8 位发光二极管显示亮灭状态，仿真结果如图 6-24 所示。

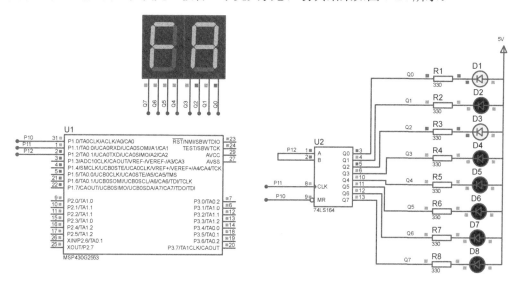

图 6-24　SPI 串行通信系统仿真图

思考与练习

1. 简述并行通信和串行通信的特点，以及各自的适用场合。
2. 简述异步串行通信和同步串行通信的异同点。
3. MSP430 系列单片机中有哪几种串行通信接口？
4. 什么是 USCI？USCI 模块支持哪几种串行通信模式？
5. 简述 USCI UART 模式的主要特点。
6. USCI UART 模式下波特率如何设置？
7. USCI UART 模式支持哪几种多机模式？各自特点是什么？
8. 什么是 SPI？简述 USCI SPI 通信的特点。
9. USCI SPI 有几种工作模式？如何配置？
10. 什么是 I^2C 总线？其有什么特点？
11. 简述 USCI I^2C 模式的逻辑结构和原理。
12. 说出 USCI I^2C 串行数据格式。
13. USCI I^2C 有几种工作模式，如何配置？
14. 简述 UART、SPI、I^2C 三种通信方式的异同点。

第 7 章　MSP430 单片机比较器模块

单片机内置的比较器模块是一个模拟电压比较器，主要用于精确的比较测量场合，如电池电压监测，以及测量电流、电阻、电容等。它可产生外部模拟信号，还可以结合其他模块实现精确的模数转换功能。内置的比较器模块可在一定程度上减少外围元器件，节省成本，增加系统的稳定性。

MSP430G2553 单片机内部集成了比较器 A+模块，而在 MSP430F5xx/F6xx 系列单片机中则升级为比较器 B 模块。本章首先简要介绍比较器 A+的结构与特性，然后介绍比较器 A+的相关寄存器，最后结合 Proteus 仿真实验介绍比较器 A+在单片机系统中的应用。

7.1　比较器 A+的结构与特性

7.1.1　比较器 A+简介

比较器 A+的主要特点包括：
- 同相端和反相端输入多路复用；
- 软件选择 RC 滤波器作为比较器输出；
- 输出可用作定时器 A 的捕获输入；
- 软件控制端口输入缓冲；
- 具有中断能力；
- 可选择的参考电压发生器；
- 比较器和参考电压发生器支持低功耗模式。

比较器 A+的结构框图如图 7-1 所示。

由图 7-1 可知，比较器 A+由 8 个输入通道（CA0～CA7）、模拟电压比较器、参考电压发生器、输出滤波器和一些控制单元组成。其主要功能是通过比较模拟电压同相端 "+" 和反相端 "–" 两个输入端电压的大小，设置输出信号 CAOUT 的值。如果 V+ >V–，则 CAOUT 输出高电平；反之，CAOUT 输出低电平。当控制位 CAON=1 时，比较器 A+开启；当控制位 CAON=0 时，比较器 A+关闭。在不使用比较器 A+时，应将它关闭以降低功耗。当比较器关闭时，输出 CAOUT 总为低电平。

7.1.2　比较器 A+操作

用户可以通过软件配置，实现对比较器 A+的操作，基本流程如下：
- 打开比较器单元；
- 打开参考电压发生器单元（若比较器的输入信号全为外部输入，则可关闭该单元）；
- 选择相应的输入信号连接到比较器的输入端口；

- 选择配置相关寄存器；
- 使能中断信号（若需要）；
- 读取比较输出信号。

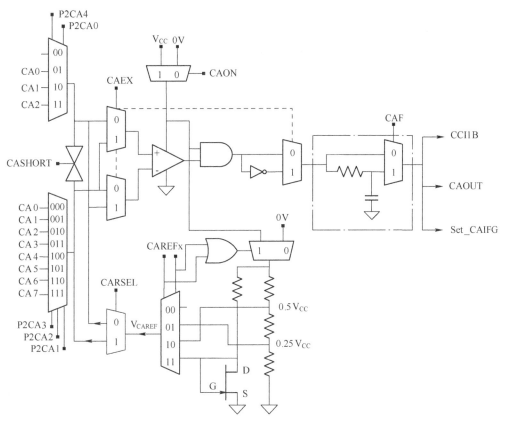

图 7-1　比较器 A+的结构框图

1. 模拟输入开关

模拟输入开关可通过 P2CAx 位设置比较器两个输入端口的通道选择，每个输入通道可独立控制。输入端的输入可以由外部引脚输入，也可以是内部产生的参考电压。CARSEL 和 CAEX 控制位可用于选取内部参考电压发生器产生的参考电压。V+端可以连接到 CA0～CA2 三个外部引脚之一，或者三个内部电压基准之一；V-端可以连接到 CA1～CA7 七个外部引脚之一，或者三个内部电压基准之一。

通过相应寄存器的配置，比较器 A+可进行以下模拟电压的比较：①两个外部输入电压信号的比较；②每个外部输入电压信号和内部参考电压的比较。

2. 参考电压发生器

参考电压发生器用于产生连接到比较器任意一个输入端的参考信号 V_{CAREF}。内部参考电压可以是由 V_{CC} 经电阻分压后产生的 $0.5V_{CC}$、$0.25V_{CC}$ 电压，或晶体管阈值电压（约 0.55V）。

CAREFx 位用来控制内部参考电压的选取，CARSEL 位用来决定参考电压 V_{CAREF} 连接的输入端。

如果比较器输入端都与外部模拟电压相连，则应该关闭内部参考电压发生器以降低功耗。

3．输入短路开关

比较器 A+的两个输入端通过 CASHORT 控制位可设置为短路状态，用来为比较器建立一个简单的采样保持电路，如图 7-2 所示。

采样时间与采样电容 C_s、输入开关电阻 R_i，以及外部信号源电阻 R_s 的取值成正比。总内部电阻 R_l 典型值范围为 2kΩ～10kΩ。采样电容 C_s 应该大于 100pF，其充电的时间常数 T_{au} 可以用以下公式计算：

$$T_{au} = (R_i + R_s) C_s$$

采样时间通常取 T_{au} 的 3～5 倍。若采样时间为 $3T_{au}$，则采样电容充电的电压大约可达到输入信号电压的 95％；若采样时间为 $5T_{au}$，则采样电容充电的电压大约可达到输入信号电压的 99％；若采样时间为 $10T_{au}$，则可以充分满足 12 位的精度要求。

4．输出滤波器

比较器的输出可以使用内部滤波器，也可以不使用。当控制位 CAF 置位时，比较器输出通过一个片上电阻电容（RC）滤波器进行滤波。

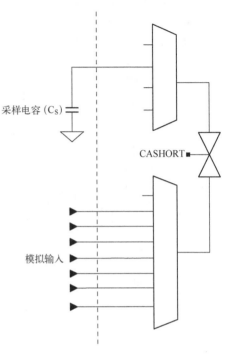

图 7-2　比较器 A+的采样和保持

如果比较器的两个输入端之间存在小幅的电压差，那么比较器的输出都会产生振荡。产生电压差的原因可能是内部和外部的"寄生"作用，以及信号线、电源线和系统的其他部分产生的耦合效应，如图 7-3 所示。比较器输出的振荡会降低比较结果的精度和分辨率，选择输出滤波器可以减少由比较器振荡产生的误差。

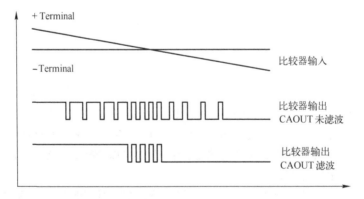

图 7-3　比较器 A+输出端的 RC 滤波器响应

5．比较器 A+的中断

比较器 A+具有一个中断标志位 CAIFG 和一个中断向量 COMPARATORA_VECTOR，如图 7-4 所示。比较器输出端的上升沿或下降沿都会使中断标志位 CAIFG 置位，边沿方式由 CAIES 位选择。当比较器 A+中断允许位 CAIE 和系统总中断允许位 GIE 同时置位时，CAIFG 标志位会产生一个中断请求。若中断请求响应后，CAIFG 位可由硬件自动复位，也可以通过软件复位。

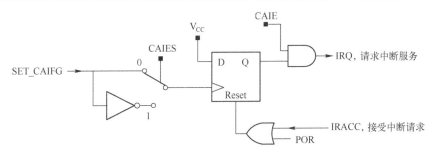

图 7-4　比较器 A+的中断

7.2　比较器 A+相关寄存器

比较器 A+模块的相关寄存器见表 7-1。

表 7-1　比较器 A+相关寄存器

寄存器	缩写	类型	地址	初始状态
比较器 A+ 控制寄存器 1	CACTL1	读/写	059H	POR 复位
比较器 A+ 控制寄存器 2	CACTL2	读/写	05AH	POR 复位
比较器 A+端口禁用寄存器	CAPD	读/写	05BH	POR 复位

下面详细介绍比较器 A+各寄存器。

1. 比较器 A+控制寄存器 1（CACTL1）

CACTL1 的定义见表 7-2。

表 7-2　CACTL1

7	6	5~4	3	2	1	0
CAEX	CARSEL	CAREFx	CAON	CAIES	CAIE	CAIFG

CAEX：V+、V-输入信号交换控制位。当 CAEX 控制位发生转变的，模拟信号的输入端 V+和 V-发生对换。

CARSEL：参考电压控制位，用于控制参考电压加到比较器的 V+端或 V-端。

当 CAEX=0 时：

0——参考电压 V_{CAREF} 加到比较器 V+输入端；

1——参考电压 V_{CAREF} 加到比较器 V-输入端。

当 CAEX=1 时：

0——参考电压 V_{CAREF} 加到比较器 V-输入端；

1——参考电压 V_{CAREF} 加到比较器 V+输入端。

CAREFx：参考电压选择位，用于选取参考电压。

0——内部参考电源关闭，使用外部参考源。

1——$0.25V_{CC}$。

2——$0.5 V_{CC}$。

3——三极管阈值电压（约 0.55V）。

CAON：比较器 A+ 开关控制位。该位可以开启或关闭比较器，当比较器关闭时，它不消耗电流。

0——关闭。

1——打开。

CAIES：比较器 A+中断沿选择控制位。

0——上升沿。

1——下降沿。

CAIE：比较器 A+输出中断使能控制位。

0——输出中断禁止。

1——输出中断使能。

CAIFG：比较器 A+中断标志位。

0——无中断请求。

1——有中断请求。

2. 比较器 A+控制寄存器 2（CACTL2）

CACTL2 的定义见表 7-3。

表 7-3　CACTL2

7	6	5	4	3	2	1	0
CASHORT	P2CA4	P2CA3	P2CA2	P2CA1	P2CA0	CAF	CAOUT

CASHORT：输入短路控制位。该位将 V+ 和 V– 输入端短路，通常不使用。

0——输入不短路。

1——输入短路。

P2CA4：输入选择控制位。该位结合 P2CA0，在 CAEX=0 时，选择 V+端输入；在 CAEX=1 时，选择 V– 端输入。

P2CA3～P2CA1：输入选择控制位。这些位在 CAEX=0 时选择 V– 端输入，在 CAEX=1 时选择 V+ 端输入。

000——无连接。

001——CA1。

010——CA2。

011——CA3。

100——CA4。

101——CA5。

110——CA6。

111——CA7。

P2CA0：输入选择控制位。该位结合 P2CA4，在 CAEX=0 时，选择 V+端输入；在 CAEX=1 时；选择 V–端输入。

00——无连接。

01——CA0。

10——CA1。

11——CA2。

CAF：输出滤波器控制位。

0——比较器输出不经过 RC 滤波。

1——比较器输出经过 RC 滤波。

CAOUT：比较器 A+输出控制位。该位为比较器的输出电平值。对该位进行写入操作无效。

3．比较器 A+端口禁用寄存器（CAPD）

CAPD 的定义见表 7-4。

表 7-4　CAPD

7	6	5	4	3	2	1	0
CAPD7	CAPD6	CAPD5	CAPD4	CAPD3	CAPD2	CAPD1	CAPD0

CAPDx：比较器 A+端口禁用位。这些位可以独立地禁用与比较器 A+相关的 I/O 端口的输入缓冲器。

0——输入缓冲器被启用。

1——输入缓冲器被禁用。

7.3　比较器 A+ Proteus 仿真实验

【实验 7-1】　电压监测系统设计。

实验要求：采用 MSP430G2553 单片机设计实现一个电压监测系统，当外部输入电压小于 $0.5V_{CC}$ 时，LED 闪烁，提示用户电压过低。

分析：本实验利用 MSP430G553 单片机内部的比较器 A+模块，外部输入电压通过 I/O 引脚连接到比较器的 V+输入端，V-输入端选用内部参考电压 $0.5V_{CC}$。利用比较器模块的中断功能，当 V+>V-时，比较器输出高电平；当 V+<V-时，比较器输出由高电平变为低电平，下降沿可触发比较器中断。当检测到中断发生时，LED 状态设置为闪烁。

（1）硬件电路设计

外部输入信号经电位器分压后接入 P1.0 引脚（CA0），LED 连接到 P2.0 引脚。这里，P1.0 引脚用作第二功能，设置为输入；P2.0 引脚作为普通输出 I/O 端口使用。电压监测硬件电路如图 7-5 所示。

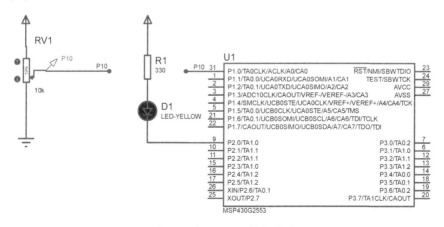

图 7-5　电压监测硬件电路图

（2）程序设计

```c
#include <msp430g2553.h>
#define uchar unsigned char            //定义数据类型
#define uint unsigned int

uchar flag = 0;
/*延时函数*/
#define CPU ((double)1000000)          //CPU 时钟为 1MHz
#define delay_ms(x) __delay_cycles((long)(CPU*(double)x/1000.0))


/*  比较器 A+相关寄存器配置*/
void Init_Com_A(){
    P1SEL = 0x01;                      //配置 P1.0 引脚用作第二功能
    P1DIR &= ~BIT0;                    //设置 P1.0 为输入（比较输入）
    P2DIR |= 0x01;                     //设置 P2.0 为输出
    P2OUT |= BIT0;
    CACTL1 &= ~CAEX;                   //反向输出
    CACTL1 |= CARSEL + CAREF_1 + CAON + CAIE + CAIES;
                                       //CA0 为正向输入，参考电压 0.5VCC 反向输入
    CACTL2 |= CAF + P2CA0;
}

/** 比较器 A+中断函数  */
#pragma vector = COMPARATORA_VECTOR
__interrupt void COM_A()
{
    flag = 1;
}

/** 主函数  */
void main(void)                        //主函数
{
    WDTCTL = WDTPW | WDTHOLD;          //关闭"看门狗"
    Init_Com_A();                      //比较器 A+初始化
    _EINT();
    uchar k;
    while(1)
    {
        while(flag)
        {
            for(k=0;k<10;k++)
            {
                P2OUT ^= BIT0;
                delay_ms(200);
            }
```

```
                    flag = 0;
                }
            }
        }
```

（3）仿真结果与分析

在 Proteus 原理图中，双击 MSP430G2553 单片机，设置 SMCLK 的频率为 1MHz。在源代码区，对源文件进行编译，单击仿真运行按钮，可观察到当 P1.0 引脚外部输入电压高于 0.75V 时，LED 不亮；而当 P1.0 引脚外部输入电压低于 0.75V 时，LED 闪烁 5 次，提示用户电压过低。仿真结果如图 7-6 所示。

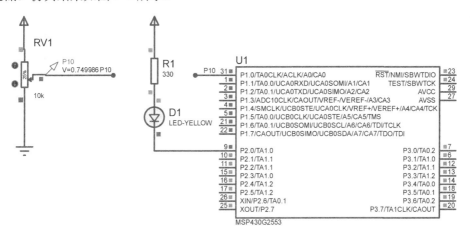

图 7-6 电压监测仿真图

思考与练习

1. MSP430 系列单片机比较器 A+由哪些部分组成？其主要功能是什么？
2. 比较器 A+的特点主要有哪些？
3. 描述用户对比较器 A+操作的基本流程。
4. 比较器 A+输出是否要选择滤波器？原因是什么？如何设置？
5. 比较器 A+是否具有中断能力？若有，中断向量和中断标志位分别是什么？
6. 结合电压检测系统设计实例，说明比较器 A+如何进行初始化配置。

第8章　MSP430单片机模数转换

单片机在控制、检测等领域应用广泛，其检测和控制对象常常是一些连续变化的物理量，如温度、湿度、压力、速度等，一般情况下，这些物理量由传感器转换为模拟电压信号或模拟电流信号。由于单片机是一个典型的数字系统，不能直接处理模拟信号。因此，需要通过模数转换器（ADC）将模拟信号转换为数字信号以供单片机处理和控制。

MSP430单片机内部集成了ADC模块，为用户提供了极大的便利。不同型号的单片机集成的ADC类型不尽相同，MSP430G2553单片机内部集成的是10位转换精度的ADC10模块。本章首先简要介绍模数转换的基础知识，然后重点介绍ADC10模块的结构、特点、相关寄存器设置和工作模式，以及ADC 10内含的数据传输控制器最后结合Proteus仿真实验介绍ADC10模块在单片机系统中的应用。

8.1　模数转换概述

8.1.1　模数转换原理

模拟信号是指时间连续、幅值也连续的信号，而数字信号是指时间和幅值均为离散的信号。模拟信号转换为数字信号的过程称为模数转换，英文简写为A/D。

模数转换一般包括采样、保持、量化和编码四个步骤。采样就是将输入的连续信号实现时间上的离散化，即按照一定的时间间隔采集信号的瞬时值。由于输入信号的幅值是不断变化的，而模数转换需要一定的转换时间，转换期间采集的样值不能改变，因此，需要将采样值保持一段时间，直至下一次采样，这个过程称为保持。采样和保持功能是由采样保持电路实现的。量化就是将连续的幅值按量化单位取整，变为有限数量的离散值。将量化后的结果按一定的数制形式表示出来，以作为转换后的数字量输出，该过程即为编码。

在模数转换过程中，量化所取的最小数量单位称为量化单位，用 Δ 表示，量化值必须是最小数量单位的整数倍，因此，对采样后的模拟量进行量化取整会不可避免地引入误差，即量化误差。

8.1.2　ADC分类

目前，市场上的ADC种类繁多、性能各异，能满足各种应用场合的需要。

ADC按照工作原理主要分为两大类：一类是直接型ADC，将输入的电压信号直接转换成数字信号输出，不需要经过中间任何变量，常用的有逐次逼近型ADC、并行比较型ADC等；另一类是间接型ADC，先将输入的电压转换成某种中间变量（时间、频率、脉冲宽度等），再将这个中间量变成数字代码输出，常用的有双积分型ADC、Σ-Δ型ADC、V/F型ADC等。

下面对4种常用的ADC类型进行简单介绍。

（1）逐次逼近型ADC

逐次逼近型ADC由比较器、D/A转换器、N位寄存器和逻辑控制单元组成，如图8-1所示。其工作原理与电平称重过程相似，就是从高位（重）到低位（轻）逐次试探比较，以逐渐逼近的方式完成模数转换。转换开始时，在时钟脉冲作用下，首先将 N 位寄存器最高位置 1，其他位置 0，其值送入 D/A 转换器，由 D/A 转换后生成模拟比较电压 V_c 并送入比较器，若 ADC 基准电压为 V_{REF}，那么此时模拟比较电压 $V_c=V_{REF}/2$。由比较器比较输入电压 V_{IN} 和模拟比较电压 V_c 的大小，若 $V_{IN}>V_c$，则寄存器最高位 1 保留，否则清零。然后，由逻辑控制单元将 N 位寄存器次高位置 1，进行下一轮的比较，如此重复，直至完成 N 位寄存器最低位的比较。转换需要 N 个时钟周期完成。在转换结束后，N 位寄存器的值即为模拟输入 V_{IN} 对应的数字量输出。

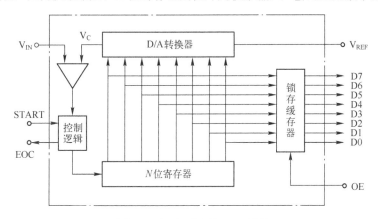

图 8-1　逐次逼近型 ADC 结构

逐次逼近型 ADC 的分辨率一般为 8～18 位，位数 N 越大，分辨率越高，但采样速率会受到制约。该类型 ADC 广泛应用于中速或中等精度的数据采集和智能仪器中。

（2）并行比较型 ADC

并行比较型 ADC 采用并行比较的方式完成所有位的模数转换。其优点是转换速度快，且转换速度与输出码的位数无关。在并行结构中，N 位输出的 ADC 就需要 2^N 个电阻、2^N-1 个比较器和 D 触发器，以及复杂的编码网络。随着位数的增加，元件数以几何级数增长。因此，并行比较型 ADC 的电路复杂、成本高、功耗大，且受到功率和体积的限制，分辨率不高，一般适用于高速、低分辨率的场合。

（3）双积分型 ADC

双积分型 ADC 的工作原理是先通过两次积分将输入模拟电压转换成与其平均值成正比的时间间隔，再采用计数器对标准时钟脉冲（CP）计数，把时间间隔转换成数字量输出。双积分型 ADC 的优点是分辨率高、成本低、抗干扰能力强、稳定性好，缺点是转换速度较慢，通常用于低速、精密测量等场合。

（4）Σ-Δ 型 ADC

Σ-Δ 型 ADC 采用增量编码方式，即根据前一次采样值与后一次采样值之差进行量化编码，包括模拟 Σ-Δ 调制器和数字抽取滤波器两部分，其中，Σ-Δ 调制器实现信号抽样及增量编码，即 Σ-Δ 码；数字抽取滤波器完成对 Σ-Δ 码的抽取滤波，把增量编码转换成高分辨率的线性脉冲编码调制的数字信号。Σ-Δ 型 ADC 的优点是分辨率高、线性度好、成本低，缺点是功耗高，主要用于高分辨率测量和数字音频电路中。

综上可知，每种类型的 ADC 在转换精度和转换速度等方面各有优劣势。其中，并行比较型 ADC 的转换速度最快，Σ-Δ 型 ADC 和双积分型 ADC 的转换精度较高，逐次逼近型 ADC 的转换精度和转换速度适中，应用较为广泛。

8.1.3 ADC 性能衡量指标

衡量 ADC 性能的主要指标有转换精度和转换速度，其中，转换精度由分辨率和量化误差来描述，具体介绍如下。

（1）分辨率

分辨率是指 ADC 能够分辨的输入模拟信号的最小变化量，定义为 ADC 满幅电压与 2^N 的比值，其中 N 为 ADC 的位数。可见，分辨率与 ADC 的位数有关。实际 ADC 有 8 位、10 位、12 位、16 位、24 位等。例如，一个 10 位的 ADC 满幅输入模拟电压为 2.5V，则分辨率为 $2.5/2^{10} \approx$ 2.44mV。通常以输出二进制数字的位数表示分辨率的高低。在输入电压相同的情况下，位数越多，分辨率越高。

（2）量化误差

量化误差是指用有限数字对模拟输入量进行离散量化所引起的误差，它表示 ADC 实际输出的数字量和理论输出的数字量之间的差别。理论上，量化误差为一个单位分辨率，即 ±LSB/2，LSB 表示最低有效位。

（3）转换速度

转换速度是指完成一次模数转换所需时间的倒数。转换时间越短，转换速度越快。ADC 的转换速度主要取决于转换电路的类型。

8.2 ADC10 的特点和结构

8.2.1 ADC10 的特点

MSP430G2553 单片机内部集成了 ADC10 模块。ADC10 模块是一个具有 10 位精度的逐次逼近型 ADC，它由用户软件配置后可支持多种不同应用。

ADC10 模块的主要特点如下。

1）10 位转换精度。

2）转换速度快，最高可达 200ksps（采样千次每秒）。

3）支持多通道输入，具有 8 路独立配置的外部输入通道和 4 路内部输入通道。

4）内部输入通道支持温度传感器检测、电源 VCC 和外部参考电压（+、-）。

5）具有 4 种工作模式：单通道单次、单通道重复、序列通道单次和序列通道重复。

6）转换初始化由软件或定时器 A 设置。

7）带有可编程采样周期的采样保持功能。

8）内置参考电源，片上基准电压（1.5V 或 2.5V）软件可选，内部或外部基准电压软件可选。

9）转换时钟源软件可选。

10）ADC 内核和基准电压都可以独立关闭，支持低功耗应用。

11）具有一个支持自动存储转换结果的数据传输控制器。

8.2.2　ADC10 的结构

图 8-2 为 MSP430G2553 单片机中 ADC10 模块结构框图，它主要由 ADC 内核、16 路模拟输入开关、参考电压模块、转换时钟模块、采样时钟模块、数据传输控制器等构成。

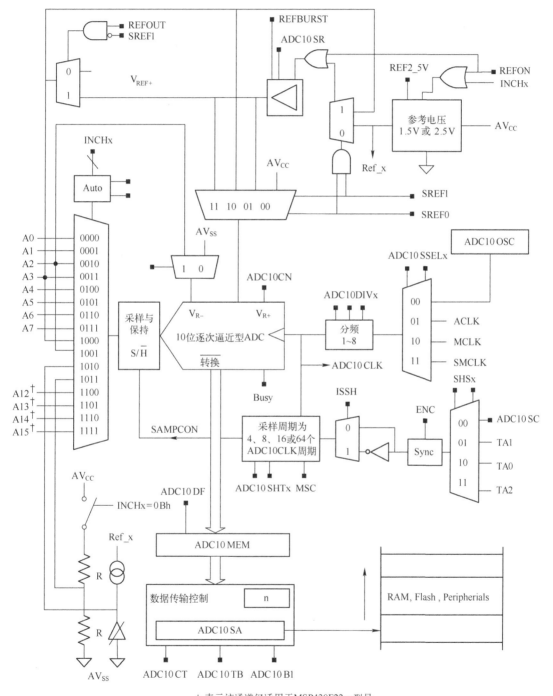

† 表示该通道仅适用于MSP430F22xx型号。

图 8-2　ADC10 模块逻辑结构

（1）ADC 内核

ADC 内核由一个采样保持电路和 10 位逐次逼近型 ADC 组成。采样保持电路的作用是在对输入的高速信号进行瞬时采样时，ADC 保持当前采样结果不变，直至转换完成，以确保 ADC 转换过程中信号的稳定。

ADC 将输入的模拟量转换成 10 位数字量，并存储在 ADC10MEM 寄存器中。转换结果的上限和下限分别由两个可编程参考电压（V_{R+} 和 V_{R-}）设定，当输入模拟信号大于或等于 V_{R+} 时，ADC 输出结果为 0x03FF（1023）；当输入模拟信号小于或等于 V_{R-} 时，ADC 输出结果为 0；当输入模拟信号在 V_{R-} 和 V_{R+} 之间时，ADC 转换结果计算公式如下式所示。

$$N_{ADC} = 1023 \frac{V_{IN} - V_{R-}}{V_{R+} - V_{R-}}$$

在没有模拟信号转换时，可以通过 ADC10ON 关闭 ADC 内核以降低功耗。

（2）16 路模拟输入开关

ADC 模块支持 8 个外部通道输入和 4 个内部通道输入，多个通道共用一个模数转换内核，由 16 路模拟输入开关进行控制切换。其中，A0～A7 用于外部通道输入，A8～A11 用于 V_{eREF+}、V_{REF-}/V_{eREF-}、温度传感器和 $(AV_{CC}-AV_{SS})/2$ 内部输入通道。当需要对多个模拟输入信号进行转换时，模拟输入开关需要分时接通不同的通道，每次对一个信号进行采样转换，以实现多通道模数转换的功能。

8 位寄存器 ADC10AE0 用于控制 8 个外部输入通道的开启或关闭，例如：

```
ADC10AE0 |= 0x15;                        //开启外部通道 0、2、4
```

（3）参考电压模块

参考电压模块的作用是给 ADC 内核提供一个精准的基准电压，即 V_{R+} 和 V_{R-}。其中，V_{R+} 可以从 AV_{CC}（正模拟电压）、V_{REF+}（内部参考正电压）、V_{eREF+}（外部参考正电压）3 种参考电源中选择，V_{R-} 可以从 AV_{SS}（负模拟电压）、V_{REF-}/V_{eREF-}（内部或外部参考负电压）两种参考电源中选择。参考电压的选取共有 6 种组合方式，可通过 SREFx 寄存器设置。

ADC10 模块自带一个单独的内部参考电压发生器，它可以提供 1.5V 和 2.5V 两个固定的内部参考电压。参考电压输出由 REFON 控制位使能，当 REF2_5V=1 时，内部参考电压为 2.5V；当 REF2_5V=0 时，内部参考电压为 1.5V。若控制位 REFOUT=1，则参考电压输出到外部引脚 V_{REF+}。外部参考电压可以分别通过引脚 A4 和 A3 应用于 V_{R+} 与 V_{R-}。当外部基准电压被使用，或 V_{CC} 被用作基准电压时，可以关闭内部参考电压以减少功耗。

外部正基准电压 V_{eREF+} 可以通过设置 SREF0=1 和 SREF1=1（仅适于带有 V_{REF+} 引脚的器件）被缓冲。这就在缓冲电流的成本上允许使用一个带有大的内部电阻的外部基准电压。当 REFBURST=1 时，增加的电流消耗受采样和转换周期的限制。

外部参考电压精度较高，但稳定性稍差；内部参考电压稳定性好，但可选的参考电压有限，在应用设计中，用户可根据具体需求进行选择。

（4）转换时钟模块

转换时钟模块的作用是为 ADC 内核提供所需的转换时钟信号（ADC10CLK）和产生采

样周期。ADC10 转换时钟有 4 种可选的时钟源：SMCLK、MCLK、ACLK 和内部的振荡器 ADC10OSC。时钟源的选取由控制位 ADC10SSELx 确定，同时，可以由控制位 ADC10DIVx 对时钟源进行 1～8 分频。默认情况下，ADC10 模块采用内部 ADC10OSC 作为转换时钟源，其典型频率值为 5MHz，但该值会随着器件本身特性、供电电压和温度的改变而改变。

（5）采样时钟模块

采样时钟模块用于为采样保持电路提供时钟信号（SAMPCON）。采样时钟信号由采样输入信号 SHI 的上升沿触发。SHI 信号源有 4 种输入：ADC10SC、Timer_A.OUT1、Timer_A.OUT0、Timer_A.OUT2，具体由 SHSx 控制位进行选择。若需要将时钟信号极性取反，则可以通过 ISSH 位置位实现。控制位 ENC 为转换使能位，当需要开启 ADC10 转换功能时，需要使 ENC=1。

ADC10 采样时间的长短由控制位 SHTx 位选择，采样周期 t 可以是 4、8、16 或 64 个 ADC10CLK 周期。当 SAMPCON 置位高时，采样定时器开始定时，总采样时间为 $t_{同步}+t_{采样}$。当 SAMPCON 由高变低时，开始模数转换，该转换需要 13 个 ADC10CLK 周期，如图 8-3 所示。

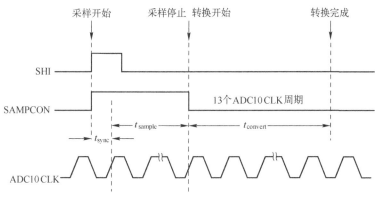

图 8-3　ADC10 采样时序

（6）数据传输控制器（DTC）

ADC 转换结果存储在寄存器 ADC10MEM 中。为了实现低功耗设计，MSP430 单片机支持数据传输控制功能，即它可以在无须 CPU 的干预下，将 ADC10MEM 中的数据自动存放至 RAM、Flash 或者其他外设中。

8.2.3　ADC10 中断

和定时器 A 一样，ADC10 也具有中断功能，其中断系统如图 8-4 所示。若不使用 DTC（ADC10DTC1=0），则当转换结果装载到 ADC10MEM 时，ADC10 中断标志位 ADC10IFG 置 1。若使用 DTC（ADC10DTC1>0），则当一个数据块传递完成和内部传递计数器'n'=0 时，ADC10IFG 位置 1。如果 ADC10IE 和 GIE 位都设置为 1，那么，一旦 ADC10IFG 位置 1，ADC10 就会产生一个中断申请。当中断请求被响应后，ADC10IFG 位自动复位，或者通过软件复位。

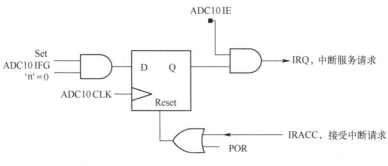

图 8-4　ADC10 中断系统

8.3　ADC10 相关寄存器

ADC10 模块共有 8 个相关寄存器，见表 8-1。用户可以根据实际需求灵活配置和使用 ADC10 模块。

表 8-1　ADC10 相关寄存器

寄存器	缩写	类型	地址	初始状态
ADC10 输入使能寄存器 0	ADC10AE0	读/写	04AH	POR 复位
ADC10 输入使能寄存器 1	ADC10AE1	读/写	04BH	POR 复位
ADC10 控制寄存器 0	ADC10CTL0	读/写	01B0H	POR 复位
ADC10 控制寄存器 1	ADC10CTL1	读/写	01B2H	POR 复位
ADC10 数据传输控制寄存器 0	ADC10DCT0	读/写	048H	POR 复位
ADC10 数据传输控制寄存器 1	ADC10DCT1	读/写	049H	POR 复位
ADC10 数据传输起始地址寄存器	ADC10SA	读/写	01BCH	上电后为 0200H
ADC10 转换结果寄存器	ADC10MEM	只读	01B4H	无变化

下面对各寄存器进行介绍。

1. ADC10 控制寄存器 0（ADC10CTL0）

ADC10CTL0 中涉及参考电压设置（SREFx）、内部参考电压启动（REF2_5V、REFON 和 ADC10ON）、采样保持时间设定（ADC10SHTx）、转换溢出中断使能（ADC10IE、ADC10IFG）、转换启动开关（ENC）、软件启动控制（ADC10SC）等，其定义见表 8-2。

表 8-2　ADC10CTL0

15	14	13	12	11	10	9	8
SREFx			ADC10SHTx		ADC10SR	REFOUT	REFBURST
7	6	5	4	3	2	1	0
MSC	REF2_5V	REFON	ADC10ON	ADC10IE	ADC10IFG	ENC	ADC10SC

SREFx：参考电压选择位，其定义见表 8-3。

表 8-3　参考电压选择

SREF2	SREF1	SREF0	说　　明	宏定义
0	0	0	$V_{R+}=V_{CC}$，$V_{R-}=V_{SS}$	SREF_0
0	0	1	$V_{R+}=V_{REF+}$，$V_{R-}=V_{SS}$	SREF_1
0	1	0	$V_{R+}=V_{eREF+}$，$V_{R-}=V_{SS}$	SREF_2
0	1	1	$V_{R+}=$缓冲的 V_{eREF+}，$V_{R-}=V_{SS}$	SREF_3
1	0	0	$V_{R+}=V_{CC}$，$V_{R-}=V_{REF-}$或 V_{eREF-}	SREF_4
1	0	1	$V_{R+}=V_{REF+}$，$V_{R-}=V_{REF-}$或 V_{eREF-}	SREF_5
1	1	0	$V_{R+}=V_{eREF+}$，$V_{R-}=V_{REF-}$或 V_{eREF-}	SREF_6
1	1	1	$V_{R+}=$缓冲的 V_{eREF+}，$V_{R-}=V_{REF-}$或 V_{eREF-}	SREF_7

ADC10SHTx：ADC10 采样保持时间选择位，其定义见表 8-4。

表 8-4　采样保持时间选择

ADC10SHT1	ADC10SHT 0	所需 ADC10CLK 个数	宏定义
0	0	4×ADC10CLK	ADC10SHT_0
0	1	8×ADC10CLK	ADC10SHT_1
1	0	16×ADC10CLK	ADC10SHT_2
1	1	64×ADC10CLK	ADC10SHT_3

ADC10SR：最大采样速率控制位。该位为选择最大采样速率下的参考电压缓冲驱动能力，置 1 可以减少模数转换的电流消耗。

REFOUT：参考电压输出控制位。

0——参考电压输出关闭。

1——参考电压输出打开。

REFBURST：参考缓冲开启控制位。

0——参考缓冲连续打开。

1——参考缓冲只在采样和转换期间打开。

MSC：多次采样转换控制位，只在序列转换或重复转换模式中有效。

0——每次采样转换都需要一个 SHI 信号的上升沿触发采样定时器。

1——第一个 SHI 信号上升沿信号触发采样定时器，后面的采样与转换在前一次转换完成后立即被自动执行。

REF2_5V：内部参考电压选择位，REFON 位必须同时置位。

0——选择 1.5V 内部参考电压。

1——选择 2.5V 内部参考电压。

REFON：内部参考电压开启控制位。

0——内部参考电压关闭。

1——内部参考电压打开。

ADC10ON：ADC10 开启控制位。

0——ADC10 关闭。

1——ADC10 打开。

ADC10IE：ADC10 中断使能位。为了实现中断使能，GIE 位必须置位。

0——ADC10 关闭。

1——ADC10 打开。

ADC10IFG：ADC10 中断标志位。若 ADC10MEM 溢出，则该标志位被置位；当中断请求被接受时，它将自动复位，或者通过软件复位；当使用 DTC 传输完成一个数据块时，该标志位被置位。

0——无中断发生。

1——有中断发生。

ENC：转换使能控制位。该位置 1 时，才可以用软件或外部信号启动 A/D 转换。

0——ADC10 转换禁止。

1——ADC10 转换使能。

ADC10SC：软件转换启动控制位。当 ENC 位置 1 时，可以用软件启动 A/D 转换。

0——没有启动采样转换。

1——启动采样转换。

2. ADC10 控制寄存器 1（ADC10CTL1）

ADC10CTL1 中涉及输入通道选择（INCHx）、采样和保持触发源选择（SHSx）、时钟源选择和分频（ADC10SSELx、ADC10DIVx）、转换模式选择（CONSEQx）、ADC10 数据存储格式（ADC10DF）等，其定义见表 8-5。

表 8-5　ADC10CTL1

15	14	13	12	11	10	9	8
INCHx				SHSx		ADC10DF	ISSH
7	6	5	4	3	2	1	0
ADC10DIVx			ADC10SSELx			CONSEQx	ADC10BUSY

INCHx：　模拟输入通道选择位，其定义见表 8-6。

表 8-6　模拟输入通道选择

INCHx	说明	宏定义	INCHx	说明	宏定义
0000	A0	INCH_0	1000	V_{eREF+}	INCH_8
0001	A1	INCH_1	1001	V_{REF-}/ V_{eREF-}	INCH_9
0010	A2	INCH_2	1010	温度传感器	INCH_10
0011	A3	INCH_3	1011	$(V_{CC}-V_{SS})/2$	INCH_11
0100	A4	INCH_4	1100	A12	INCH_12
0101	A5	INCH_5	1101	A13	INCH_13
0110	A6	INCH_6	1110	A14	INCH_14
0111	A7	INCH_7	1111	A15	INCH_15

SHSx：采样和保持触发源选择位，其定义见表 8-7。

表 8-7　采样和保持触发源选择

SHS1	SHS0	说明	宏定义
0	0	ADC10SC	SHS_0
0	1	Timer_A.OUT1	SHS_1
1	0	Timer_A.OUT0	SHS_2
1	1	Timer_A.OUT2	SHS_3

ADC10DF：ADC10 数据存取格式选择位。

0——二进制无符号格式。

1——有符号二进制补码格式。

ISSH：采样保持输入信号反相控制位。

0——采样输入信号未反相。

1——采样输入信号反相输入。

ADC10DIVx：ADC10 时钟分频控制位，其定义见表 8-8。

表 8-8　ADC10 时钟分频

ADC10DIVx	分频系数	宏定义	ADC10DIVx	分频系数	宏定义
0 0 0	/1	ADC10DIV_0	1 0 0	/5	ADC10DIV_4
0 0 1	/2	ADC10DIV_1	1 0 1	/6	ADC10DIV_5
0 1 0	/3	ADC10DIV_2	1 1 0	/7	ADC10DIV_6
0 1 1	/4	ADC10DIV_3	1 1 1	/8	ADC10DIV_7

ADC10SSELx：ADC10 时钟源选择位，其定义见表 8-9。

表 8-9　ADC10 时钟源选择

ADC10SSELx	时钟源	宏定义
0 0	ADC10SC	ADC10SSEL_0
0 1	ACLK	ADC10SSEL_1
1 0	MCLK	ADC10SSEL_2
1 1	SMCLK	ADC10SSEL_3

CONSEQx：转换序列模式选择位，其定义见表 8-10。

表 8-10　ADC10 转换模式选择

CONSEQx	模式	宏定义
0 0	单通道单次采样	CONSEQ_0
0 1	序列通道单次采样	CONSEQ_1
1 0	单通道重复采样	CONSEQ_2
1 1	序列通道重复采样	CONSEQ_3

ADC10BUSY：ADC10 "忙" 标志位。该位标志着一个有效的采样和转换操作。

0——无操作活动。

1——ADC10 正在进行采样或转换活动。

3．ADC10 输入使能寄存器 0（ADC10AE0）

ADC10AE0 用来控制外部模拟输入引脚使能，其定义见表 8-11。BIT0～BIT7 分别对应外部输入引脚 A0～A7。

表 8-11　ADC10AE0

7	6	5	4	3	2	1	0
			ADC10AE0x				

ADC10AE0x：0——模拟输入禁止；1——模拟输入使能。

注意：ADC10AE1 仅适用于 MSP430F22xx 模拟输入使能。BIT4～BIT7 分别对应外部输入引脚 A12～A15。

4．ADC10 数据传输控制寄存器 0（ADC10DTC0）

ADC10DTC0 用于控制数据传输模式，其定义见表 8-12。

表 8-12　ADC10DTC0

7～4	3	2	1	0
保留	ADC10TB	ADC10CT	ADC10B1	ADC10FETCH

ADC10TB：数据模式传输选择位。

0——单块传输模式。

1——双块传输模式。

ADC10CT：连续传输模式选择位。

0——在单块或双块传输模式下，当一块或两块传递完后，数据传递结束。

1——数据连续传输，只有在 ADC10CT 清零或数据写入 ADC10SA 时，DTC 才会停止。

ADC10B1：数据块填满标志位。该位表明双块模式下数据块是否装入 ADC10 转换结果。只有在 ADC10IFG 位于 DTC 工作期间第一次被置位后，ADC10B1 才有效，并且 ADC10TB 也必须同时置位。

0——数据块 2 被填满。

1——数据块 1 被填满。

ADC10FETCH：该位通常处于复位状态（0）。

5．ADC10 数据传输控制寄存器 1（ADC10DTC1）

ADC10DTC1 共 8 位，用于控制 DTC 数据块的长度，其定义见表 8-13。

表 8-13　ADC10DTC1

7	6	5	4	3	2	1	0
			ADC Transfers				

ADC Transfers：　0——DTC 被禁止；01H～0FFH——数据块传输长度。

6．ADC10 数据传输起始地址寄存器（ADC10SA）

ADC10SA 的内容为 DTC 的起始地址，其定义见表 8-14，其中，第 0 位未使用，只读，读结果为 0。需要先对 ADC10SA 写入来初始化 DTC 传输。

表 8-14　ADC10SA

15～1	0
ADC10SAx	0

7．ADC10 转换结果寄存器（ADC10MEM）

ADC10MEM 是用于存放 A/D 转换结果的 16 位寄存器。在有符号二进制补码格式下，存储形式如下。

（1）当 ADC10DF=0 时，ADC10MEM 为右对齐，采用无符号二进制格式存储，格式见表 8-15。

表 8-15　ADC10MEM，无符号二进制格式

15	14	13	12	11	10	9～0
0	0	0	0	0	0	转换结果

（2）当 ADC10DF=1 时，ADC10MEM 为左对齐，采用有符号二进制补码格式存储，格式见表 8-16。

表 8-16　ADC10MEM，有符号二进制补码格式

15～6	5	4	3	2	1	0
转换结果	0	0	0	0	0	0

8.4　ADC10 模块工作模式

ADC10 具有 4 种工作模式，具体介绍如下。

（1）单通道单次采样模式

当 CONSEQx=00 时，采样模式为单通道单次转换，即一个通道被采样和转换一次，转换结果写入 ADC10MEM。

图 8-5 为单通道单次采样模式状态图。在该模式下，首先设置 ADC10ON=1 以开启 ADC10 转换，然后设置 INCHx 位来确定采样输入通道 x，最后等待触发。当 SHS=0，ENC=1 或上升沿时，采样由 ADC10SC 触发开始；或者，当 ENC 为上升沿时，采样由 TimerA 产生的时钟信号触发开始。ADC10 采样完成后，需要先经过 12 个 ADC10CLK 时钟周期完成采样结果的转换，再经过 1 个 ADC10CLK 时钟周期将转换结果存入 ADC10MEM，同时将 ADC10 中断标志位 ADC10IFG 置 1。

当用户采用 ADC10SC 位启动转换时，下一次的转换可以简单地通过 ADC10SC 位置位来触发。当采用其他触发源启动转换时，必须在每次转换之间切换 ENC。由于转换过程中

ENC=0，将会关闭 ADC10 模块，因此可以先测试 ADC10BUSY 是否为 0，当 ADC10BUSY=0 时，再清除 ENC 位。

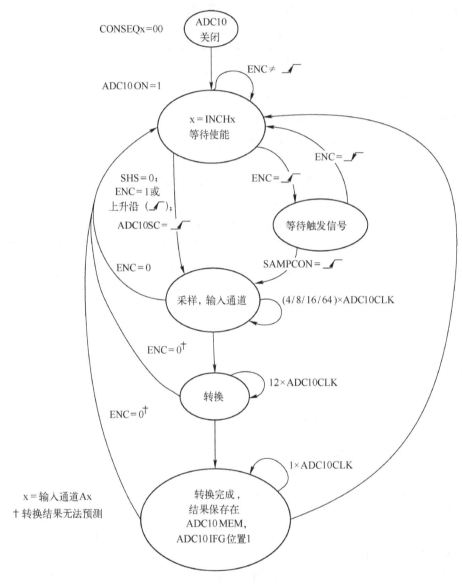

图 8-5　单通道单次采样模式

（2）序列通道单次采样模式

当 CONSEQx=01 时，采样模式为序列通道单次转换，即一个序列通道被采样和转换一次，序列从 INCHx 选择的通道开始并且递减到通道 A0。

图 8-6 为序列通道单次采样模式状态图。与单通道单次采样模式不同的是，当 MSC=1 时，上一个通道转换完之后将自动触发下一个通道采样；当 MSC=0 时，上一次转换完成后

不会自动触发，而是进入触发等待状态，等待 SAMPCON 信号出现上升沿时才触发下一个通道采样，直至 x=0 时，所有通道转换结束。

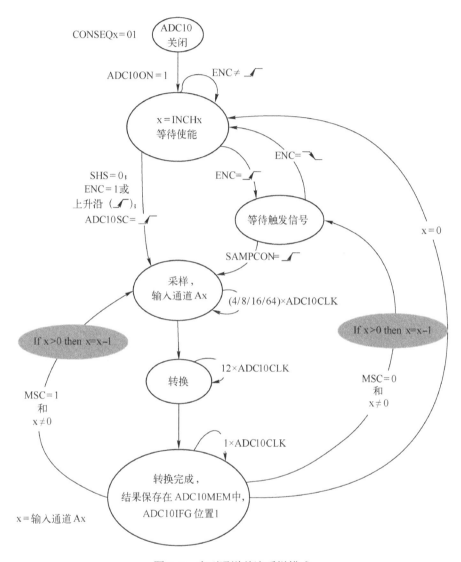

图 8-6　序列通道单次采样模式

（3）单通道重复采样模式

当 CONSEQx=10 时，采样模式为单通道重复转换，即一个通道被连续采样和转换，每个 ADC 转换结果都写入 ADC10MEM。

图 8-7 为单通道重复采样模式状态图。当 MSC=1，ENC=1 时，上一次转换完成之后会自动进入下一次采样；当 MSC=0，ENC=1 时，上一次转换完成后自动进入触发等待状态，等待 SAMPCON 信号出现上升沿时才进行下一次采样。若 ENC=0，那么 ADC10 将重新等待使能。每次转换结果需要及时读取，以免新的值被旧的值覆盖。

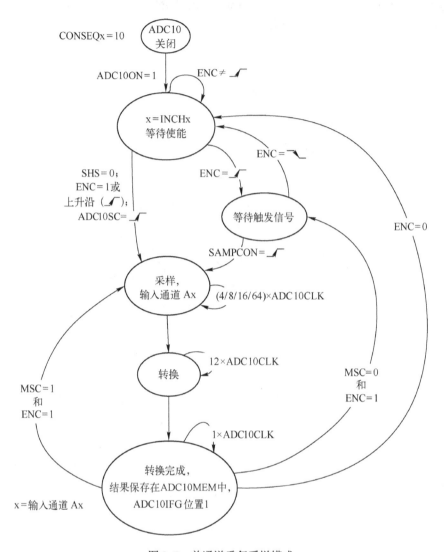

图 8-7 单通道重复采样模式

在实际应用中，由于外部输入信号在采样转换过程中会受到噪声的干扰，为了提高采样的精度，在程序设计中，通常使用多次采样求平均值的方式。

（4）序列通道重复采样模式

当 CONSEQx=11 时，采样模式为序列通道重复转换，即一个序列通道被重复采样和转换，序列从 INCHx 选择的通道开始并且递减到通道 A0，每个 ADC 转换结果都写入 ADC10MEM。

图 8-8 为序列通道重复采样模式状态图。该模式为序列通道单次采样模式和单通道重复采样模式的结合体。在每次采样完成后，通道自动重新置入 INCHx。

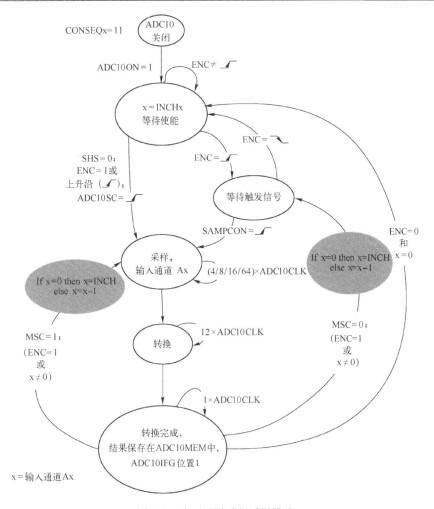

图 8-8　序列通道重复采样模式

8.5　ADC10 数据传输控制器

ADC10 模块内含一个数据传输控制器（DTC），它可以自动将转换结果从 ADC10MEM 传输到其他片上存储单元。设置 ADC10DTC1 为非零值就可以使能 DTC。当 DTC 使能，且每次 ADC10 完成一个转换并将转换结果写入 ADC10MEM 时，就会触发一次数据传输。每个 DTC 传输需要一个 CPU 周期（MCLK）。当 ADC10 模块处于忙状态时，无法初始化 DTC 传输。因此，在设置 DTC 时，必须保证程序当前没有正在进行的转换或序列转换。

DTC 数据传输模式有单块传输模式、双块传输模式和连续传输模式。

（1）单块传输模式

当 ADC10TB=0 时，DTC 为单块传输模式。ADC10DTC1 中的 n 值定义了一个数据块传递的总长度。16 位寄存器 ADC10SA 可以在 MSP430 单片机任何地址范围内定义数据块的起始地址。数据块结束地址为 ADC10SA+$2n$-2。单块数据传输存储结构如图 8-9 所示。

内部地址指针最初为 ADC10SA，内部传输计数器等于 n。在每次 DTC 传输后，内部地址指针增加 2，同时内部传输计数器减 1。随着 ADC10MEM 的每次装载，DTC 连续传输，直到内部传输计数器为 0，此时其他的数据传输不再继续，直到 ADC10SA 重新装载新值。在单块传输模式下，当一个完整的数据块输出完后，ADC10IFG 标志位置 1。

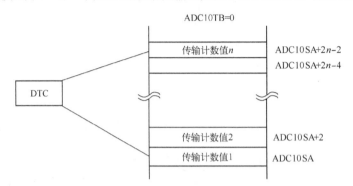

图 8-9 单块数据传输存储结构

（2）双块传输模式

当 ADC10TB=1 时，DTC 为双块传输模式。ADC10DTC1 中的 n 值定义了一个数据块传递的总长度。16 位寄存器 ADC10SA 可以在 MSP430 单片机任何地址范围内定义第一个数据块的起始地址，于是，第一个数据块结束地址为 ADC10SA+2n-2，第二个数据块的地址为 ADC10SA+2n~ADC10SA+4n-2。双块数据传输存储结构如图 8-10 所示。

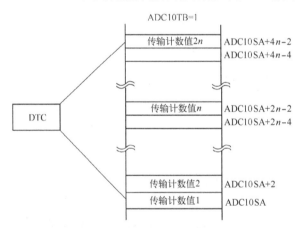

图 8-10 双块数据传输存储结构

在每次 DTC 传递后，内部地址指针增加 2，同时内部传输计数器减 1。随着 ADC10MEM 的每次装载，DTC 连续传递，直到内部传输计数器为 0。当数据块一装满时，ADC10IFG 和 ADC10B1 位都被置位，用户可以通过读取 ADC10B1 位来判断数据块一是否已装满。DTC 继续传输数据块二，且内部传输计数器自动重装 n。在完成 n 次输出后，数据块二被装满，此时，ADC10IFG 位置 1，ADC10B1 位清零，用户可以通过 ADC10B1 位是否清零来判断数据块二是否装满。

（3）连续传输模式

当 ADC10CT=1 时，DTC 为连续传输模式，也就是当数据块一（单块传输模式）或数据块二（双块传输模式）完成传输后，DTC 并不停止。内部地址指针和内部传输计数器将会重新装载 ADC10SA 和 n 的值。若将 ADC10CT 位清零，则在数据块一或数据块二完成传递后，DTC 停止传输。

8.6　ADC10 Proteus 仿真实验

想要正确应用 ADC10 模块，需要注意以下事项：

1）对应的端口设置为第二功能；

2）设置具体的转换模式；

3）正确设置参考电压、采样时间等；

4）正确选取采样通道、采样时钟源等；

5）开启 ADC10 模块；

6）确定是以查询还是中断方式读取数据。

【实验 8-1】　简易数字电压表设计。

实验要求：采用 MSP430G2553 单片机设计实现一个简易数字电压表，该电压表测量范围为 0～2.5V，测量结果显示在 4 位数码管上，保留 3 位小数。

分析：本实验利用 MSP430G2553 单片机内部的 ADC10 模数转换器，对被测量的模拟电压进行单通道重复采样。转换结果取多次采样值的平均值，然后通过数码管显示输出的电压。

（1）硬件电路设计

利用 MSP430G2553 单片机内部 ADC10 模块对外部输入电压进行采样。ADC10 参考电压选用内部 2.5V 基准电压，AVSS 接 GND。外部输入 2.5V 电压经电位器分压后接入 A/D 转换器的 A0 通道，运放 OP07A 构成射极跟随器以实现阻抗隔离。本实验使用四位一体共阳数码管，段码端连接 P3 口，位码端连接 P2.0～P2.3。在该仿真电路中，我们未考虑数码管驱动问题，实际应用时应加入驱动电路。其硬件电路如图 8-11 所示。

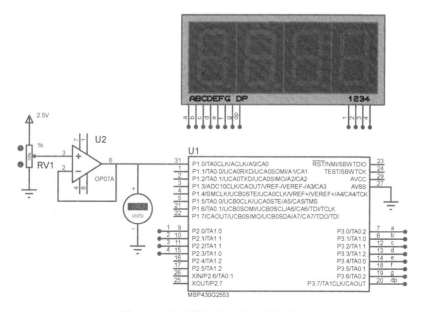

图 8-11　简易数字电压表硬件电路图

（2）程序设计

```
#include <msp430g2553.h>
#define uchar unsigned char                //定义数据类型
#define uint unsigned int
uchar const DSY_CODE[]={0xc0,0xf9,0xa4,0xb0,0x99,0x92,0x82,0xf8,0x80,0x90};
                                           //数码管动态显示的字段码 0～9 和分隔符"-"
uchar const wei_CODE[]={0x08,0x04,0x02,0x01};     //数码管位码
uchar disbuf[4]= {0,0,0,0};                //数码管显示初始值
long int Voltage;                          //电压
void delayms(uint t);                      //定义延时函数
void DSY_display(void);                    //定义数码管显示函数
void Data_to_buf(void);                    //值送入显示缓冲区
int main (void)
{
   WDTCTL = WDTPW + WDTHOLD;               //关闭"看门狗"
   P2DIR |= 0x0F;                          //设置 P2 口为输出
   P2OUT= 0x00;
   P3DIR = 0xFF;                           //设置 P3 口为输出
   P3OUT= 0xFF;
   P2DIR |= 0x0F;
   P1SEL |= BIT1;                          // P1.0 设为 A0 输出
   ADC10CTL1    |= CONSEQ_2 ;              //单通道重复采样模式
   ADC10CTL0    |= SREF_1 + REFON +REF2_5V ;
                                           //选择内部参考电压 2.5V
   ADC10CTL0    |= ADC10SHT_3 +MSC ;       //采样保持 64 个采样周期，打开 A/D 转换
   ADC10CTL1    |= ADC10SSEL_3 +ADC10DIV_1 +SHS_0 ;
                                           //SMLCK 二分频为采样时钟，ADC10SC 触发采样
   ADC10CTL1    |= INCH_0 ;                //选择通道 A0
   ADC10CTL0    |= ADC10ON ;               //打开 ADC10 模块
   ADC10AE0    |= 0x01;                    //开启外部通道 A0
   while(1)
   {
       uint k;
       for(k=0;k<20;k++)
       {
           ADC10CTL0    |= ENC+ADC10SC;
           while((ADC10CTL0    & ADC10IFG )==0);   //查询方式，等待转换结束
           Voltage += (long) ADC10MEM * 2500/1024; //数值转换
       }
       Voltage = Voltage/20;              //求平均值
       Data_to_buf();                    //数值送入缓冲区
       DSY_display();                    //数码管显示
   }
}
void Data_to_buf(void)
{
```

```
    uchar j;
     for(j=0;j<4;j++)
    {
        disbuf[j] = Voltage%10;
        Voltage = Voltage/10;
    }
}
void DSY_display(void)
{
    uchar j;
    for(j=0;j<4;j++)
    {
        P3OUT=DSY_CODE[disbuf[j]];                       //送段码
        P2OUT=wei_CODE[j];                              //送位码
         j=j%4;                                         //4 个数码管轮流显示
        if (j==3)
        P3OUT &= 0x7F;                                  //小数点
        delayms(5);
        P2OUT=0x00;                                     //关闭位选端
    }
}
void delayms(uint t)                                    //延时函数
{
    uchar i;
    while (t--)
        for(i=100;i>0;i--);                             //延时 1ms
}
```

本实验中的 ADC10 模块采用单通道重复采样模式，并采用查询法读取采样结果。

（3）仿真结果与分析

在 Proteus 原理图中，双击 MSP430G2553 单片机，设置 SMCLK 的频率为 1MHz。在源代码区，对源文件进行编译，单击仿真运行按钮，可观察到数码管上显示的测量电压值。当电位器取 50%进行电压输入时，电压表显示 1.25V，数码管显示 1.250V；当电位器取 25%进行电压输入时，电压表显示 0.63V，数码管显示 0.625V。通过多次调整电位器，我们观察到数码管显示的电压值均符合实际电压值，说明 A/D 转换结果正确。本实验仿真结果如图 8-12所示。

【实验 8-2】　多路电压信号采集系统设计。

实验要求：采用 MSP430G2553 单片机设计一个多路电压信号采集系统，它可实现两路数据的采集，两路信号均为 0～2.5V 的电压信号，采集数据通过 4 位数码管轮流显示。

分析：本实验利用 MSP430G553 单片机内部的 ADC10 模数转换器，对被测量的模拟电压进行序列通道单次采样。两路信号通过数码管轮流显示。

（1）硬件电路设计

ADC10 参考电压选用内部 2.5V 基准电压，AVSS 接 GND。外部输入 2.5V 电压经电位器分压后分别接入 A/D 转换器的 A0、A1 通道。运放 OP07A 构成射极跟随器以实现阻抗隔离。本实验使用四位一体共阳数码管，段码端连接 P3 口，位码端连接 P2.0～P2.3。硬件电路如图 8-13 所示。

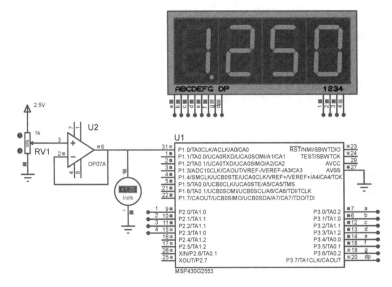

图 8-12　简易数字电压表仿真图

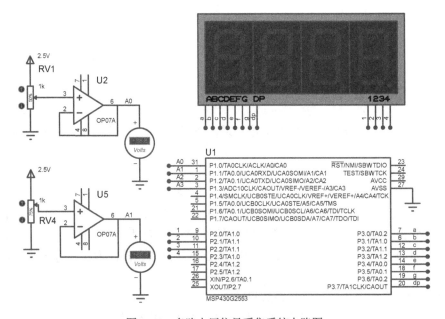

图 8-13　多路电压信号采集系统电路图

（2）程序设计

```
#include <msp430g2553.h>
#define uchar unsigned char                    //定义数据类型
#define uint unsigned int
#define ulong unsigned long
```

```
uchar const DSY_CODE[]={0xc0,0xf9,0xa4,0xb0,0x99,0x92,0x82,0xf8,0x80,0x90};
                                            //数码管动态显示的字段码 0～9 和分隔符 "-"
uchar const wei_CODE[]={0x08,0x04,0x02,0x01};    //数码管位码
uchar disbuf[4]= {0,0,0,0};                      //数码管显示初始值
uint Voltage_A0=0;                               //A0 电压
uint Voltage_A1=0;                               //A1 电压
uint ADC_Result [2];
uchar h;
uint   ms=0;
uint CH=1;
ulong Voltage=0;
void Data_to_buf(void);                          //值送入显示缓冲区
int main (void)
{
  ulong data_A0,data_A1;
  WDTCTL = WDTPW + WDTHOLD;                       //关闭 "看门狗"
  P2DIR |= 0x0F;                                  //设置 P2 口为输出
  P2OUT= 0x00;
  P3DIR = 0xFF;                                   //设置 P3 口为输出
  P3OUT= 0xFF;
  P1SEL |= 0x03;                                  // P1.0～P1.3 分别设为 A0～A3 输出
  ADC10CTL1  |= CONSEQ_1 ;                        //序列通道单次采样模式
  ADC10CTL0  |= SREF_1 + REFON +REF2_5V +ADC10IE; //选择内部参考电压 2.5V
  ADC10CTL0  |= ADC10SHT_2 +MSC ;                 //采样保持 16 个采样周期，打开 A/D 转换
  ADC10CTL1  |= ADC10SSEL_3 +SHS_0 ;             //SMLCK 为采样时钟，ADC10SC 触发采样
  ADC10CTL1  |= INCH_1 ;                          //最高通道 A3
  ADC10CTL0  |= ADC10ON ;                         //打开 ADC10 模块
  ADC10AE0   |= 0x03;                             //开启外部通道 A0～A3
  ADC10CTL0  |= ENC   ;                           //允许转换

  TA0CCR0 =5000;                                  //定时 5ms
  TA0CCTL0 = CCIE;                                // TA0CCR0 中断允许
  TA0CTL = TASSEL_2 +MC_1;                        // SMCLK，增计数模式
  __bis_SR_register(GIE);                         //开启总中断

  while(1)
  {
      ADC10CTL0   |= ADC10SC ;                    //启动转换
      data_A0 = Voltage_A0;
      data_A1 = Voltage_A1;
      if(ms==200-1)                               //显示 A0 通道
      {
        Voltage =(long) data_A0 * 2500/1024;
        Data_to_buf();                            //数值送入缓冲区
```

```
        }

        if(ms==400-1)                          //显示 A1 通道
        {
            Voltage =(long) data_A1 * 2500/1024;
            Data_to_buf();                     //数值送入缓冲区
        }
    }
}

void Data_to_buf(void)
{
    uchar j;
    for(j=0;j<4;j++)
    {
        disbuf[j] = Voltage%10;
        Voltage = Voltage/10;
    }
}

#pragma vector=TIMER0_A0_VECTOR            // 定时器 A0 中断向量
__interrupt void TA0_ISR (void)
{
        P2OUT=0x00;                            //关闭位选端
        P3OUT=DSY_CODE[disbuf[h]];             //送段码
        P2OUT=wei_CODE[h];                     //送位码
        h++;
        ms++;
        if (h==4)
        P3OUT &= 0x7F;                         //小数点
        h=h%4;
        ms=ms%400;                             //2s 定时
}

#pragma vector=ADC10_VECTOR                // ADC10 中断向量
__interrupt void ADC10_ISR(void)
{
        ADC_Result [CH] = ADC10MEM ;          //保存转换结果
        CH--;
        if(CH>1)
          {
            CH = 1;
            Voltage_A1 = ADC_Result [1];       // A1 通道
            Voltage_A0 = ADC_Result [0];       // A0 通道
            ADC10CTL0   &= ～ADC10ON;           //关闭 ADC10 模块
          }
}
```

说明: 在本实验中,采用定时器 A0 中断控制数码管动态显示。

(3) 仿真结果与分析

在 Proteus 原理图中,双击 MSP430G2553 单片机,设置 SMCLK 的频率为 1MHz。在源代码区,对源文件进行编译,单击仿真运行按钮,可观察到数码管上轮流显示 A0 和 A1 通道测量的电压。在 A0 通道上电位器取 50%进行电压输入时,电压表显示 1.25V,数码管显示 1.250V;在 A1 通道上电位器取 75%进行电压输入时,电压表显示 1.88V,数码管显示 1.872V,数码管显示电压与理论值稍有误差。本实验仿真结果如图 8-14 所示。

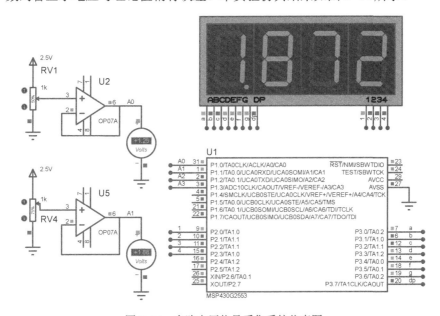

图 8-14 多路电压信号采集系统仿真图

思考与练习

1. 为什么要进行模/数转换?

2. 模/数转换的基本原理是什么?

3. 常用的模/数转换的类型有哪些?各有什么特点?

4. 衡量模/数转换性能的指标有哪些?其含义是什么?

5. 简述 MSP430G2 系列单片机中 ADC10 模块的结构组成和原理。

6. ADC10 模块的模拟输入信号有哪些?

7. ADC10 模块的参考电压如何配置?

8. ADC10 模块具有几种转换工作模式?其各自异同点是什么?

9. 结合简易数字电压表设计实例,说明 ADC10 模块需要进行哪些初始化设置。

第9章　MSP430单片机应用设计与仿真

通过前面 8 章的学习，我们对 MSP430 单片机的特点、发展趋势、硬件结构和软件编程有了一定的了解。在本章中，我们将通过几个具体的应用实例来加深对 MSP430 单片机的理解。

9.1　交通灯控制系统设计与仿真

在城市道路系统中，交通灯随处可见，对车辆和行人的有序通行发挥着巨大的作用。本节基于 MSP430 单片机设计一个交通灯控制系统，既具有很好的实际意义，又便于学习如何快速将 MSP430 单片机应用到现实生活中。

在一个典型的十字路口（见图 9-1）中，一个方向的交通信号灯基本配置为一组直行控制灯（红、黄、绿三个），一组左转控制灯（红、黄、绿三个）和一个倒计时器。十字路口四个方向的信号灯配置是相同的。一般情况下，右转是不受信号灯控制的，但有些特别的路口会有右转控制灯，有些路口还会有一些辅助信号灯（如专门指挥行人的信号灯），本节不考虑这些添加的控制信号，只对基本的控制系统进行设计，这样可以使系统简单一些，读者能够快速理解和掌握。

图 9-1　十字路口示意图

9.1.1　交通灯控制系统硬件设计

根据实例需求，每个方向需要一组直行控制灯（含红、黄、绿三个灯）、一组左转控制灯（含红、黄、绿三个灯）和一个倒计时器。在实际使用中，左转控制灯和直行控制灯是有显示上的差异的，是两组不同的灯，但在 Proteus 仿真元件库中只有一种交通灯灯具，因此，在设计时，我们对两组灯具使用同一种元件，实际使用时更换一下即可。另外，在实际使用中，倒计时器也显示三种颜色（红、黄、绿），与亮灯的颜色匹配，但在仿真元件库里只有单色模块，因此，在仿真时就使用单色倒计时器，实际使用时增加两个控制端即可。在现实场景中，交通灯和倒计时器都是大功率器件，需要添加驱动器才能正常控制，每个控制端可以增加一个晶体管电路以加强驱动。对于核心控制器，我们选用 MSP430G2553 单片机。下面使用 Proteus 8.10 仿真软件画出交通灯控制系统的原理图，如图 9-2 所示。

为了方便描述，我们把十字路口规定为东、南、西、北四个方向。在系统中，南向和北向的信号状态是一样的，东向和西向的信号状态是一样的，所以只需要提供两组控制信号，南北向共用一组，东西向共用一组。倒计时器使用两位数码管模块，使用动态显示方法与控制器相连，模块的字形端口共 8 根引线连接到控制器的 P1 口。因为使用中不需要显示小数点，所以模块的 DP 引脚不用连接。将 P2.0 和 P2.1 通过驱动电路连接到南北向显示模块的字位端，将 P2.2 和 P2.3 通过驱动电路连接到东西向显示模块的字位端。将 P2.4～P2.7、P3.0、P3.1 六个引脚通过驱动电路连接到南北向的六个状态灯，将 P3.2～P3.7 六个引脚通过驱动电路连接到东西向的六个状态灯。在仿真调试时，我们发现，早期版本中控制器 MSP430G2553 的 P3.7 引脚作为数字量输出时不受控制，这是由于该控制器仿真模型的 Bug 造成的。对于类似问题，可以通过升级 Proteus 版本或者替换有问题引脚来解决。

需要注意的是，实际的 MSP430 单片机应用系统还应包括电源电路（3.3V）、时钟电路和复位电路（低电平复位）。在 Proteus 仿真中，电源和复位电路默认已连接。由于 MSP430G2553 内部一般有 RC 振荡电路为系统提供时钟源，默认使用内部时钟源，因此无须外接时钟电路。

9.1.2　交通灯控制系统软件设计

在交通灯控制系统中，信号灯的控制逻辑如图 9-3 所示。

在本实例中，数码管显示采用的是动态显示方法，需要定时不断刷新，还需要秒计时，因此设计一个定时器，并设定为 10ms 定时，产生中断。数码管刷新、倒计时器变化和交通灯的状态变化都在中断处理程序中完成，因此主程序非常简单，只需要初始化端口和定时器，就不需要做任何其他工作了，初始化后可进入低功耗状态。

在定时器中断处理程序中，每次只刷新一位数码管，刷新四次构成一个周期。同时，每次进入中断时使用一个计数器进行累加计数，用于产生秒计时。每当秒计时到达时，倒计时器作减一处理，同时判断是否到达状态变化的时间，若到达，就将状态进行相应改变。本实例对应程序比较简单，现将参考源代码在下方列出。

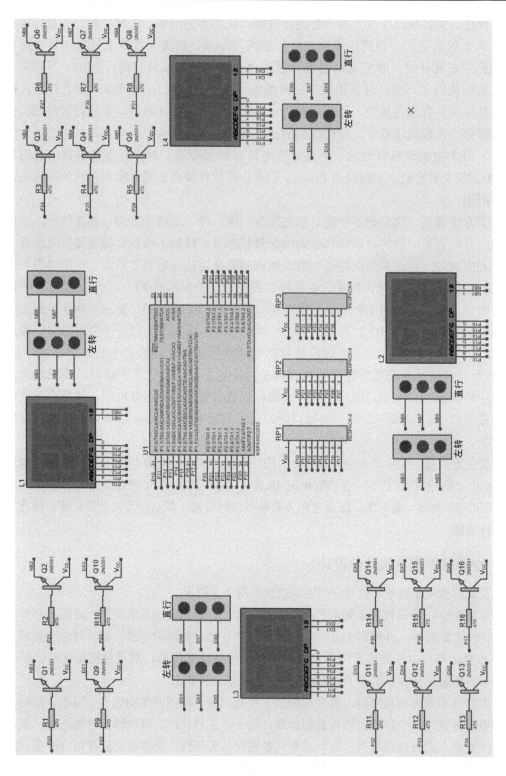

图 9-2 交通灯控制系统原理图

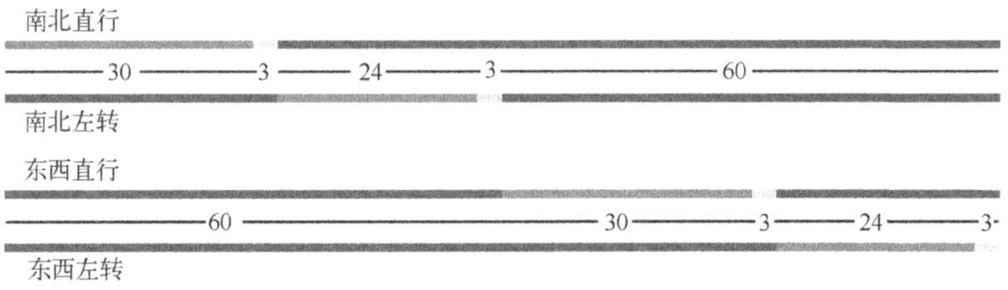

图 9-3 交通信号灯状态图

```
/***********************************************
程序功能: 交通灯控制
***********************************************/
#include <msp430g2553.h>
#define uchar unsigned char
#define uint unsigned int
//头文件自带精确延时函数
#define CPU             (1000000)
#define delay_us(x)     (__delay_cycles((double)x*CPU/1000000.0))
#define delay_ms(x)     (__delay_cycles((double)x*CPU/1000.0))


//数码管字形显示码表
const uchar dis_code[]={0xc0,0xf9,0xa4,0xb0,0x99,0x92,0x82,0xf8,0x80,0x90,0xff};
//数码管字位选择码表
const uchar dis_numb[]={0x01,0x02,0x04,0x08};
uchar s=0,nb_t=30,dx_t=60,dis_cnt=0,time=0;
uchar dis_buf[4]={3,0,6,0};
void main(void)
{
  WDTCTL = WDTPW + WDTHOLD;                        // 停止 WDT
 //设置系统时钟采用 DC0=1MHz, CPU 与子系统默认采用 DC0
  DCOCTL=3;                                        //选择最低 DCOx 和 MODx 设置
  BCSCTL1 = CALBC1_1MHZ;                           //为 1MHz BCSCTL1 校准数据
  DCOCTL = CALDCO_1MHZ;
  /////////////////////////////////
  P1DIR = 0xff;                                    // P1 口输出（数码管字形控制口）
  P2DIR = 0xff;                                    // P2 口输出（P2.0～P2.3 数码管字位控制口）
  P3DIR = 0xff;                                    // P3 口输出
  P2OUT = 0x10;
  P3OUT = 0x26;
  /////////////////////////////////////////////////
  //以下提供定时器 A0 中断配置
  TA0CCTL0 |= CCIE;                                // CCR0 中断使能（当计数到 CCR0 时，产生中断）
  TA0CCR0 = 10000;                                 // CCR0 初值 10000 乘以 1 微秒将得到 10 毫秒周期
  TA0CTL = TASSEL_2 + MC_1;                        //选择时钟（子系统时钟）+计数模式（连续计数模式）
```

```
// TASSEL_0        TASSEL_1        TASSEL_2      MC_1        MC_2        MC_3
//外部引脚信号    辅助时钟 ACLK   子系统时钟    递增模式    连续模式    先增后减模式
    //////////////////////////////////////////////////////////////////////////
    _BIS_SR(LPM0_bits);                    // 进入 LPM0 CPU 休眠，GIE 使能中断
}
// 定时器 A0 中断处理程序，每 10 毫秒中断一次
#pragma vector=TIMER0_A0_VECTOR
__interrupt void Timer_A0 (void)
{
        time++;
        if(time>99)
        {            //秒计时到达
          time=0;s++;if(s>119) s=0;nb_t--;dx_t--;
          if(s==0)
            {              //状态一：南北方向——直行绿灯，30s 倒计时，左转红灯；
                //            东西方向——直行红灯，60s 倒计时，左转红灯
              nb_t=30;dx_t=60;
              P2OUT = 0x10;P3OUT = 0x26;
            }else if(s==30)
            {              //状态二：南北方向——直行黄灯，3s 倒计时，左转红灯；
                //            东西方向——直行红灯，左转红灯
              nb_t=3;
              P2OUT = 0x10;P3OUT = 0x25;
            }else if(s==33)
            {              //状态三：南北方向——直行红灯，24s 倒计时，左转绿灯；
                //            东西方向——直行红灯，左转红灯
              nb_t=24;
              P2OUT = 0xc0;P3OUT = 0x24;
            }else if(s==57)
            {              //状态四：南北方向——直行红灯，3s 倒计时，左转黄灯；
                //            东西方向——直行红灯，左转红灯
              nb_t=3;
              P2OUT = 0xa0;P3OUT = 0x24;
            }else if(s==60)
            {              //状态五：南北方向——直行红灯，60s 倒计时，左转红灯；
                //            东西方向——直行绿灯，30s 倒计时，左转红灯
              nb_t=60;dx_t=30;
              P2OUT = 0x90;P3OUT = 0x84;
            }else if(s==90)
            {              //状态六：南北方向——直行红灯，左转红灯
                //            东西方向——直行黄灯，3s 倒计时，左转红灯
              dx_t=3;
              P2OUT = 0x90;P3OUT = 0x44;
            }else if(s==93)
            {              //状态七：南北方向——直行红灯，左转红灯
```

```
//            东西方向——直行红灯，24s 倒计时，左转绿灯
    dx_t=24;
    P2OUT = 0x90;P3OUT = 0x30;
}else if(s==117)
{            //状态八：南北方向——直行红灯，左转红灯
    //            东西方向——直行红灯，3s 倒计时，左转黄灯
    dx_t=3;
    P2OUT = 0x90;P3OUT = 0x28;
}
dis_buf[0] = nb_t/10;
dis_buf[1] = nb_t%10;
dis_buf[2] = dx_t/10;
dis_buf[3] = dx_t%10;
}
P2OUT    &= 0xf0;
P1OUT    = dis_code[dis_buf[dis_cnt]];
P2OUT    |= dis_numb[dis_cnt];
dis_cnt++;
dis_cnt &=0x03;
}
```

9.1.3　交通灯控制系统仿真与分析

运行 Proteus 8.10 仿真软件，创建工程项目，依据硬件设计方案画出系统原理图，在源代码区输入参考源代码，对程序文件进行编译，单击仿真运行按钮，系统运行，仿真结果如图 9-4 所示。

在系统运行时，单片机主程序初始化系统后进入休眠状态，交通灯状态转换在定时中断处理程序中完成。通过仿真可以发现，本系统实现了既定功能。

9.2　温度检测系统设计与仿真

在个人电子产品、工业或医疗应用的设计中，工程技术人员必须应对同样的挑战，即如何提升性能、增加功能并缩小尺寸。除上述这些考虑因素以外，工程技术人员还必须仔细监测温度以确保安全并保护系统和消费者免受伤害。温度测量在许多产品设计中占有重要地位，不仅要测量系统或环境温度，还要补偿其他温度敏感元件，从而确保传感器和系统的精度。另外，有了精确的温度检测，就无须再对系统进行过度设计来补偿不准确的温度测量，从而可以提高系统性能并降低成本。

在温度检测设计中，需要注意下列事项。
- 精度。传感器精度表示温度与真实值的接近程度。在确定精度时，必须考虑所有因素，包括采集电路以及整个工作温度范围内的线性度。
- 尺寸。传感器的尺寸会对设计产生影响，而分析整个电路有助于实现更优化的设计。传感器尺寸还决定了热响应时间，这对于体温监测等应用非常重要。

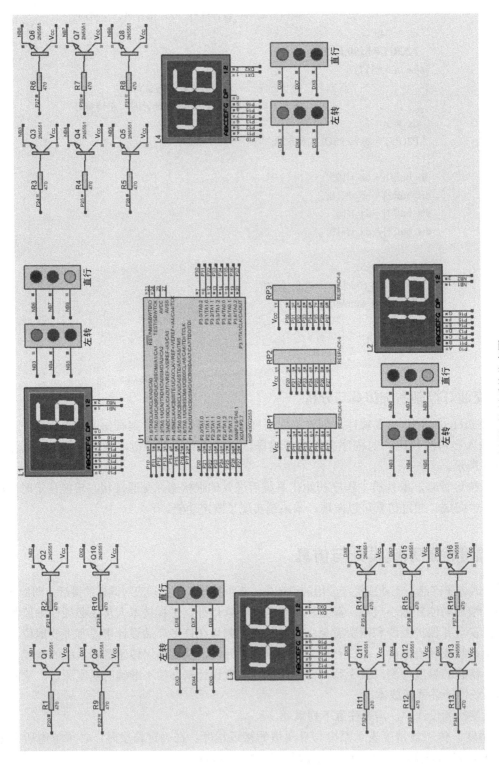

图 9-4　交通灯控制系统仿真图

● 传感器放置。传感器的封装和放置会影响响应时间与传导路径；这两个因素都对高效
温度检测系统设计至关重要。

温度传感器种类繁多，应用广泛，本节的设计选用的是一款被广泛应用的温度传感
器——DS18B20。

DS18B20 是美信公司出品的一款数字温度传感器，它输出的是数字信号，具有体积小、
硬件开销低、抗干扰能力强和精度高的特点。DS18B20 数字温度传感器接线方便，封装形式
多样。封装后的 DS18B20 可用于电缆沟测温、高炉水循环测温、锅炉测温、机房测温、农业
大棚测温、洁净室测温、弹药库测温等各种非极限温度场合。它耐磨耐碰、体积小巧、使用
方便，适用于各种狭小空间设备数字测温和温度控制领域。

通过查阅 DS18B20 数据手册，可以了解到它的各种信息。

1．技术性能

1）具有独特的单线接口方式。在 DS18B20 与微处理器的连接中，一条端口线即可实现
微处理器与 DS18B20 的双向通信。

2）测温范围为-55～125℃，固有测温误差为 1℃。测量结果以 9～12 位数字量方式串行
传送。

3）支持多点组网功能。多个 DS18B20 可以并联在唯一的三线上（最多只能并联 8 个，
实现多点测温，如果数量过多，那么会使供电电源电压过低，从而造成信号传输的不稳定）。

4）工作电源为 3.0～5.5V/DC（可以数据线"寄生"电源），在使用中，不需要任何外围
元件。

DS18B20 引脚定义如图 9-5 所示，定义如下：

● DQ 为数字信号输入/输出端；

● GND 为电源地；

● VDD 为外接供电电源输入端（在"寄生"
电源接线方式中，接地）。

2．部件描述

（1）存储器

DS18B20 的存储器包括高速暂存器 RAM 和
一个非易失性的可电擦除的 EEPROM，后者存放
高温度触发器、低温度触发器的 TH、TL，以及配
置寄存器。在数值写入时，首先用写寄存器的命
令写入寄存器，然后可以用读寄存器的命令确认
写入的数值。在确认后，就可以用复制寄存器的
命令将这些数值转移到可电擦除的 EEPROM 中。
当修改寄存器中的数值时，这个过程能确保数字的
完整性。高速暂存器 RAM 和 EEPROM 从存储器格式一样，都是由 8 个字节的存储器组
成，见表 9-1，用读寄存器的命令能读出第 9 个字节，这个字节可对前面的 8 个字节进行校验。

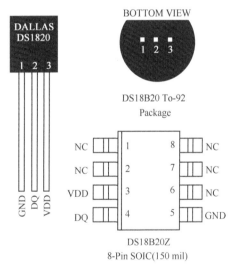

图 9-5　DS18B20 引脚

表 9-1　DS18B20 高速暂存器

寄存器内容	字节地址
温度值低位　（LS Byte）	0

（续）

寄存器内容	字节地址
温度值高位 （MS Byte）	1
高温限值（TH）	2
低温限值（TL）	3
配置寄存器	4
保留	5
保留	6
保留	7
CRC 值	8

（2）64 位光刻 ROM

64 位光刻 ROM 的前 8 位是 DS18B20 的自身代码，接下来的 48 位为连续的数字代码，其余的 8 位是对前 56 位的循环冗余校验（CRC）。

（3）外部电源的连接

DS18B20 可以使用外部电源 VDD，也可以使用内部的"寄生"电源。当 VDD 端口接 3.0～5.5V 的电压时，使用外部电源；当 VDD 端口接地时，使用内部的"寄生"电源。无论是内部"寄生"电源还是外部供电，I/O 端口线要接 5kΩ 左右的上拉电阻。

（4）配置寄存器

DS18B20 配置寄存器的结构见表 9-2。

表 9-2　DS18B20 配置寄存器

TM	R1	R0	1	1	1	1	1

低 5 位一直都是"1"。TM 是测试模式位，用于设置 DS18B20 是使用工作模式还是使用测试模式，在 DS18B20 出厂时，该位被设置为 0，读者不要去改动。R1 和 R0 用来设置温度分辨率，见表 9-3（在 DS18B20 出厂时，这两位的位数被设置为 12 位）。

表 9-3　DS18B20 温度分辨率设置表

R1	R0	数值位数	分辨率	温度最大转换时间
0	0	9 位	0.5℃	93.75ms
0	1	10 位	0.25℃	187.5ms
1	0	11 位	0.125℃	375ms
1	1	12 位	0.0625℃	750ms

（5）温度的计算

DS18B20 在出厂时已被配置为 12 位，读取温度时共读取 16 位，前 5 位为符号位，当前 5 位为 1 时，读取的温度为负数；当前 5 位为 0 时，读取的温度为正数。温度为正时的读取方法：将十六进制数转换成十进制数即可。温度为负时的读取方法：先将十六进制数取反后

194

加 1，再转换成十进制数即可。例如，0550H = +85℃，FC90H = -55℃。

3. 控制方法

DS18B20 有 5 条 ROM 命令和 6 条 RAM 命令，分别见表 9-4 和表 9-5。

表 9-4　DS18B20 ROM 命令

指令	代码	功　能
读 ROM	33H	读 DS18B20 温度传感器 ROM 中的编码（即 64 位地址）
符合 ROM	55H	在发出此命令之后，接着发出 64 位 ROM 编码，访问单总线上与该编码相对应的 DS18B20，使之做出响应，为下一步对该 DS18B20 的读写做好准备
搜索 ROM	F0H	用于确定挂接在同一总线上 DS18B20 的个数和识别 64 位 ROM 地址，为操作各器件做好准备
跳过 ROM	CCH	忽略 64 位 ROM 地址，直接向 DS18B20 发送温度变换命令
告警搜索命令	ECH	执行后，只有温度超过设定值上限或下限的芯片才做出响应

表 9-5　DS18B20 RAM 命令

指令	代码	功　能
温度变换	44H	启动 DS18B20 进行温度转换，12 位转换时间最长为 750ms（9 位为 93.75ms）。结果存入内部 RAM 第 0、1 字节中
读暂存器	BEH	连续读取内部 RAM 中 9 个字节的内容
写暂存器	4EH	发出向内部 RAM 的第 2、3 和 4 字节写上、下限温度数据命令，紧跟该命令之后，紧跟传送三字节的数据
备份设置	48H	将 RAM 中第 2、3 和 4 字节的内容复制到 EEPROM 中
恢复设置	B8H	将 EEPROM 中的内容恢复到 RAM 中的第 2、3 和 4 字节
读供电方式	B4H	读 DS18B20 的供电模式。"寄生"供电时，DS18B20 发送"0"；外接电源供电时，DS18B20 发送"1"

4. 初始化

和 I²C 的寻址类似，1-Wire 总线开始时也需要检测这条总线上是否存在 DS18B20 这个器件。如果这条总线上存在 DS18B20，则总线会根据时序要求返回一个低电平脉冲；如果不存在，就不会返回脉冲，即总线保持为高电平，因此，习惯上称之为检测存在脉冲。此外，该操作不仅检测是否存在 DS18B20，还要通过这个脉冲过程通知 DS18B20 做好控制器要对它进行操作的准备。设备检测时序如图 9-6 所示。

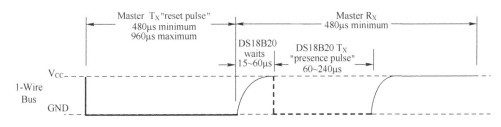

图 9-6　设备检测时序图

粗实线表示控制器 IO 端口拉低这个引脚；粗虚线表示 DS18B20 拉低这个引脚；细实线表示单片机和 DS18B20 释放总线后，依靠上拉电阻把 IO 端口引脚拉上去。

检测操作步骤如下。

1）将数据线置高电平 "1"。

2）延时（对该时间的要求不是很严格，但是要尽可能短一点）。

3）数据线拉到低电平 "0"。

4）延时 750μs（该时间的范围可以为 480～960μs）。

5）数据线拉到高电平 "1"。

6）延时等待（如果初始化成功，则在 15～60μs 时间范围内产生一个由 DS18B20 返回的低电平 "0"。根据该状态，可以确定 DS18B20 是否存在。但是，应注意不能无限等待，不然会使程序进入 "死" 循环，所以要进行超时控制）。

7）若 CPU 读到了数据线上的低电平 "0"，那么还要进行延时，其延时时间从发出的高电平算起（从第 5）步的时间算起），最少要 480μs。

8）将数据线再次拉高到高电平 "1" 后结束。

5．写操作

1）数据线先置低电平 "0"。

2）延时确定的时间为 15μs。

3）按从低位到高位的顺序发送字节（一次只发送一位）。

4）延时时间为 45μs。

5）将数据线拉到高电平 "1"。

6）重复上 1）～6）步的操作，直到所有字节发送完毕为止。

7）最后将数据线拉高。

6．读操作

1）将数据线拉到高电平 "1"。

2）延时 2μs。

3）将数据线拉到低电平 "0"。

4）延时 3μs。

5）将数据线拉到高电平 "1"。

6）延时 5μs。

7）读数据线的状态得到 1 位数据，并进行数据处理。

8）重复上述第 3）～6）步的操作，直到所有数据全部读完为止。

9）最后将数据线拉高并延时 60μs。

9.2.1　温度检测系统硬件设计

在充分了解了我们要用到的温度传感器后，下面可以开始设计温度检测系统的硬件电路了。对于系统中的温度显示，可以采用四位数码管模块来实现；对于控制器，仍用 MSP430G2553 单片机。温度传感器可以单总线挂接多个，本实例中只接一个，感兴趣的读者可以自行扩展。下面使用 Proteus 8.10 仿真软件画出温度检测系统的原理图，如图 9-7 所示。

四位数码管模块使用动态显示方法与控制器相连，模块的字形端口共 8 根引线连接到控制器的 P1 端口。将 P2.0～P2.3 通过驱动电路连接到显示模块的字位端，将 P2.7 连接到温度传感器 DS18B20 的 DQ 引脚。

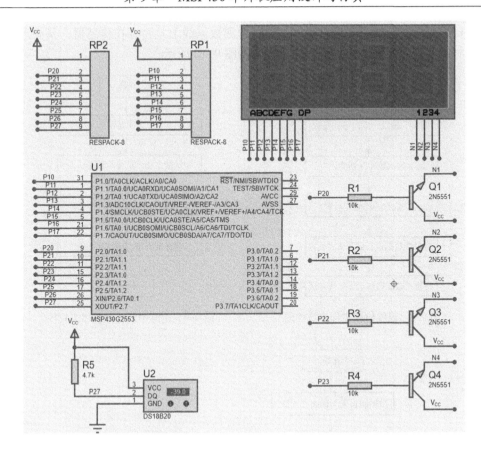

图 9-7　温度检测系统原理图

9.2.2　温度检测系统软件设计

在上文中，我们介绍了温度传感器 DS18B20 的一些性能。虽然它的电路连接非常简单，但是操作它去检测温度的过程却比较复杂，需要编写比较多的程序才能控制它。这些程序也称为 DS18B20 的驱动程序，因为代码量比较大，所以把它单独放到一个源程序文件中，和主程序文件分离开来。这样，程序架构不但非常清晰，而且方便将 DS18B20 的驱动程序移植到其他项目中。

由于代码量比较大，因此文中不直接给出参考代码，而是以流程图的形式给出控制逻辑。对于详细的参考代码，读者可根据本书内容提要当中的提示获取。

本实例中的温度检测系统的功能比较简单，它只是循环地测量温度，并在数码管上显示温度数据。温度检测主程序流程图如图 9-8 所示。系统中数码管显示采用的是定时刷新的动态显示方法，使用定时器定时中断处理程序来完成，相关程序流程图如图 9-9 所示。需要注意的是，温度传感器 DS18B20 设置的温度分辨率不同，采集温度的时间不同，见表 9-3。在主程序中，需要保证启动温度转换和读取温度数据之间有足够的时间延迟。

温度传感器 DS18B20 的驱动程序也可以流程图的形式给出，其中包括在线检测、总线写、总线读和温度获取 4 种操作。

1）在线检测操作也称设备初始化，它既检测数据线上是否存在传感器，又要通知传感器做好控制器要开始操作的准备，程序流程图如图 9-10 所示。

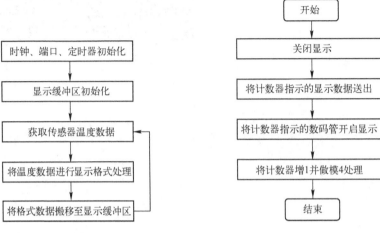

图 9-8 温度检测主程序流程图   图 9-9 定时中断处理程序流程图

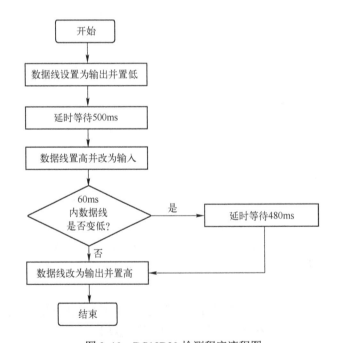

图 9-10 DS18B20 检测程序流程图

2）总线写操作，通过一根数据线将多位数据写入传感器，程序流程图如图 9-11 所示。在程序处理时，以传 8 位数据为一个过程，即每次传输一个字节。

3）总线读操作，通过一根数据线将多位数据从传感器读入主控器，程序流程图如图 9-12 所示。在程序处理时，以读 8 位数据为一个过程，即每次读取一个字节。

4）温度获取操作。在读取温度时，先要检测数据线上是否有传感器，如果没检测到，则应该有出错处理。在本实例中，传感器一直连接在线，而且不会出错，所以略去了出错处理，实际应用时应该考虑。

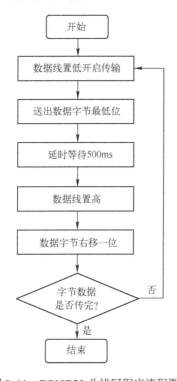

图 9-11　DS18B20 总线写程序流程图

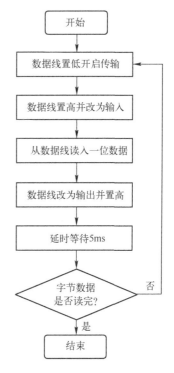

图 9-12　DS18B20 总线读程序流程图

在一般的逻辑中，获取温度的过程为：在线检测→启动温度转换→等待转换结束→在线检测→读取温度。为了不让驱动程序占用太多的时间，本实例中将温度获取的逻辑调整为：在线检测→读取温度→在线检测→启动温度转换。这样将等待温度转换结束的时延交给主程序去处理，获取温度的操作就不占用太多的时间了，虽然读取的温度是上一次转换的结果，但是在循环检测时不会受影响。其程序流程图如图 9-13 所示。

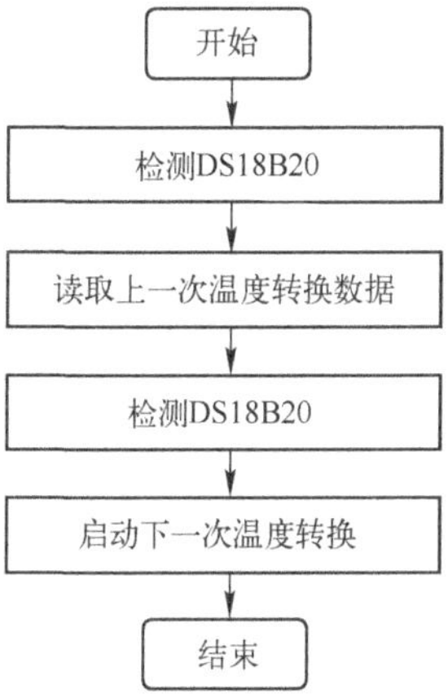

本实训中只实现了一个温度传感器的测量控制，而在实际需求中，可能涉及温度的分布式测量，传感器需要多个多点设置。温度传感器 DS18B20 本身是支持多点布控的，在本系统的基础上，多配置几个 DS18B20，通过单一数据总线挂接就可实现，感兴趣的读者可以自行修改相关电路和程序，以便学习和了解。

图 9-13　DS18B20 获取温度程序流程图

9.2.3　温度检测系统仿真与分析

运行 Proteus 8.10 仿真软件，创建工程项目，依据硬件设计方案画出系统原理图，在源代码区，依据软件设计思路编写程序（参考例程可根据本书内容提要当中的提示获取），对程序文件进行编译，单击仿真运行按钮开始运行系统，仿真结果如图 9-14 所示。

在系统运行时，单片机从温度传感器 DS18B20 中读取温度数据，计算处理后送入数码管显示，以便我们可以直观观察到。调整温度传感器的数值，可以模拟环境温度的变化。可以发现，温度检测系统能够实时、有效地检测到温度的变化，实现了既定功能。

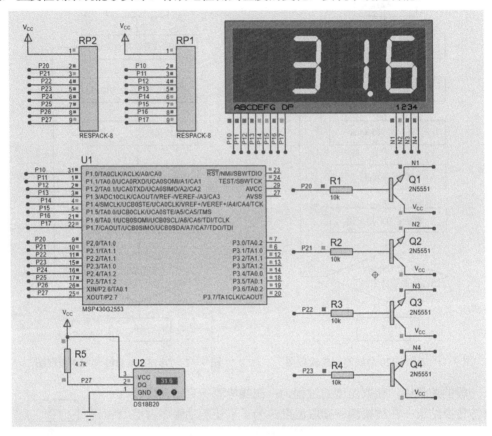

图 9-14　温度检测系统仿真图

9.3　数字时钟系统设计与仿真

数字时钟是一种利用数字电路来显示时、分、秒的计时装置。与机械式时钟相比，数字时钟具有更高的准确性和直观性，且无机械装置，具有更长的使用寿命。数字时钟以其体积小、重量轻、抗干扰能力强、高精确性、容易开发等特性，在工业控制系统、智能化器仪表、办公自动化等诸多领域得到了极为广泛的应用，如定时自动报警、按时自动振铃、时间程序自动控制、定时广播、自动启闭路灯、定时开关烘箱、通断设备动力，甚至各种定时电器的自动启用等。从原理上来讲，数字时钟是一种典型的数字电路，一般由振荡器、分频器、计数器、显示器等几部分组成。数字电路包括组合逻辑电路和时序电路。数字时钟的设计方法有许多种，如可用中小规模集成电路组成数字时钟，专用的数字时钟芯片配以显示电路及其所需的外围电路组成数字时钟，利用单片机实现数字时钟，等等。

在本实例中，我们采用 MSP430G2553 单片机加日历时钟芯片 DS1302 来设计一个基本的数字时钟系统。

　　DS1302 是美国达拉斯半导体公司（Dallas Semiconductor Inc）推出的一款高性能、低功耗、带 RAM 的实时时钟芯片，它可以对年、月、日、星期、时、分、秒进行计时，具有闰年补偿功能，工作电压为 2.5～5.5V。它采用三线接口与 CPU 进行同步通信，并可采用突发方式一次传送多个字节的时钟信号或 RAM 数据。DS1302 内部有一个 31×8 的用于临时性存放数据的 RAM 寄存器。它增加了主电源/后备电源双电源引脚，同时提供了对后备电源进行涓细电流充电的能力。如图 9-15 所示，1 脚 VCC2 是主电源正极的引脚；2 脚 X1 和 3 脚 X2 分别是晶振输入与输出引脚；4 脚 GND 是负极；5 脚 $\overline{\text{RST}}$ 是复位引脚；6 脚 I/O 是数据传输引脚，接单片机的 I/O 端口；7 脚 SCLK 是通信时钟引脚，接单片机的 I/O 端口；8 脚 VCC1 是备用电源引脚。

　　DS1302 的一条指令为一个字节，共 8 位，其中第 7 位（即最高位）固定为 1，如果这一位是 0，那么写进去也是无效的。第 6 位是选择 RAM 还是 CLOCK 位，若选择 CLOCK 功能，则第 6 位是 0；如果要用 RAM，那么第 6 位就是 1。第 5 到第 1 位决定了寄存器的 5 位地址。第 0 位是读写位，如果要写，这一位就是 0；如果要读，这一位就是 1。指令字节的位分配如图 9-16 所示。

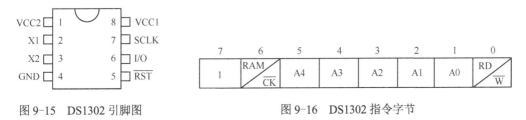

图 9-15　DS1302 引脚图　　　　　　　　　图 9-16　DS1302 指令字节

　　查阅 DS1302 的数据手册，可以找到相应的时序图，如图 9-17 和图 9-18 所示。

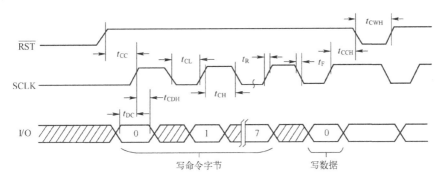

图 9-17　DS1302 写数据时序图

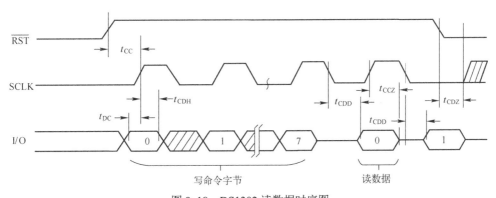

图 9-18　DS1302 读数据时序图

根据时序图就可以编写 DS1302 的驱动程序了。

9.3.1　数字时钟系统硬件设计

数字时钟系统在很多电子产品中都有应用，不同的应用有着不同的电路设计，但核心部分还是比较一致的。本实例中主要设计一款基本的数字时钟系统，读者在此基础之上添加一些部件或做一些修改，就可以很容易地应用到其他应用系统中。本系统中的时间显示采用六组两位数码管模块来实现，分别显示年、月、日、时、分、秒；控制器采用 MSP430G2553单片机；日历芯片采用 DS1302。下面是用 Proteus 8.10 仿真软件画出数字时钟系统的原理图，如图 9-19 所示。

在本实例中，六组两位数码管模块使用动态显示方法与控制器相连，模块的字形端口共8 根引线连接到控制器的 P1 端口。将 P2 端口和 P3.0～P3.3 共 12 根引脚通过驱动电路连接到显示模块的字位端。P3.4、P3.5、P3.6 分别与 DS1302 的 $\overline{RST}$、SCLK、I/O 连接。

9.3.2　数字时钟系统软件设计

通过查阅日历时钟芯片 DS1302 的数据手册，可以了解其使用方法。据此，可以编写出相关程序来控制它，这些程序也称为 DS1302 的驱动程序。因为其各种函数比较多，所以我们把它单独放到一个源程序文件中，和主程序文件分离开来。这样，程序架构就会非常清晰，而且方便将 DS1302 的驱动程序移植到其他项目中。

由于代码量比较大，因此文中不直接给出参考代码，而是以流程图的形式给出控制逻辑。对于详细的参考代码，读者可根据本书内容提要当中的提示获取。

本实例中的数字时钟系统的功能比较简单，只是连续地读取 DS1302 内部的时间数据，并在数码管上显示出时间，其主程序流程图如图 9-20 所示。系统中数码管显示采用的是定时刷新的动态显示方法，使用定时器定时中断处理程序来完成，程序流程图如图 9-21 所示。本实例中使用了动态显示方法，需要不断刷新的数码管数量较多，达到了 12 个，定时的周期设计为 5ms，这样一个刷新周期为 60ms，基本满足显示不闪烁要求，调试时用户可以根据实际情况进行调整。主程序中的主体循环只有读取时间数据和处理时间显示，如果不加限定，就会导致过于频繁地操作 DS1302，本实例中以 60ms 为周期操作一次，实际使用时可根据任务需要自行调整。

日历时钟芯片 DS1302 的驱动程序也可以流程图的形式给出，其中包括字节写、字节读、时间数据写入和时间数据读取 4 种操作。

1）字节写操作，通过时钟线和数据线将多位数据以移位方式写入日历时钟芯片，程序流程图如图 9-22 所示。在程序处理时，以传 8 位数据为一个过程，即每次写入一个字节。

2）字节读操作，通过时钟线和数据线将多位数据以移位方式从日历时钟芯片读入主控器，程序流程图如图 9-23 所示。在程序处理时，以读 8 位数据为一个过程，即每次读取一个字节。

3）时间数据写入操作，一般用于设定日历时钟芯片的初始时间，程序先将控制线 $\overline{RST}$置高，启动一次数据传输过程，按设置要求写入多个字节后，再将控制线 $\overline{RST}$ 置低，结束本次数据传输过程，程序流程图如图 9-24 所示。

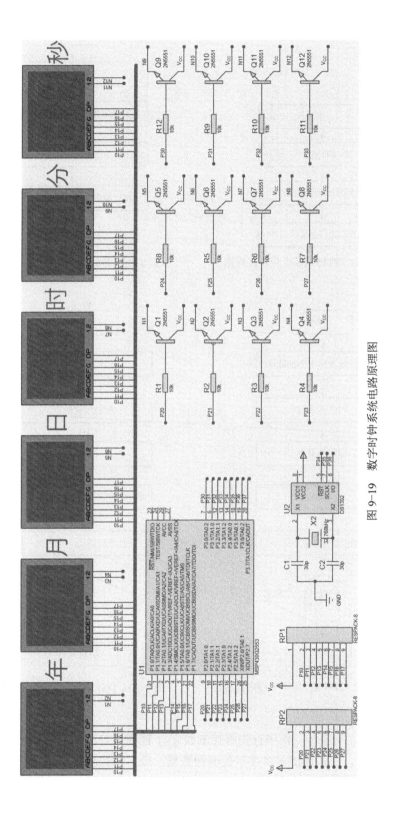

图 9-19 数字时钟系统电路原理图

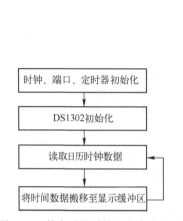

图 9-20　数字时钟系统主程序流程图

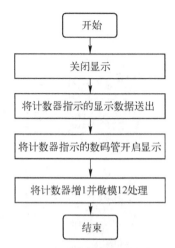

图 9-21　定时中断处理程序流程图

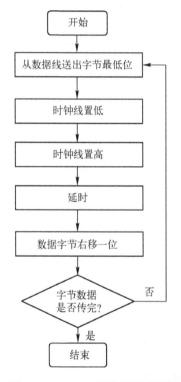

图 9-22　DS1302 写字节程序流程图

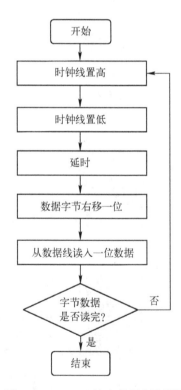

图 9-23　DS1302 读字节程序流程图

4）时间数据读取操作，程序首先将控制线 $\overline{\text{RST}}$ 置高，启动一次数据传输过程，按设置要求写入相关命令，然后读出多个字节的时间数据，最后将控制线 $\overline{\text{RST}}$ 置低，结束本次数据传输过程，程序流程图如图 9-25 所示。

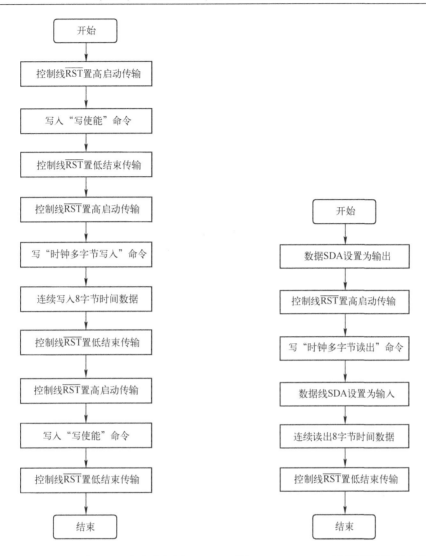

图 9-24 DS1302 时间数据写入程序流程图　　图 9-25 DS1302 时间数据读取程序流程图

　　本实例中只实现了简单的时间设定和时间数据读取功能，其实 DS1302 还提供了一些其他功能，感兴趣的读者可以查阅其数据手册了解和学会如何应用。

9.3.3　数字时钟系统仿真与分析

　　运行 Proteus 8.10 仿真软件，创建工程项目，依据硬件设计方案画出系统原理图，在源代码区，依据软件设计思路编写程序（参考例程可根据本书内容提要当中的提示获取），对程序文件进行编译，单击仿真运行按钮运行系统，仿真结果如图 9-26 所示。

　　在系统运行时，单片机从日历时钟芯片 DS1302 中读取日历时间数据，分析处理后送入数码管显示，以便我们可以直观观察到。通过仿真调试可以发现，本系统实现了既定功能。

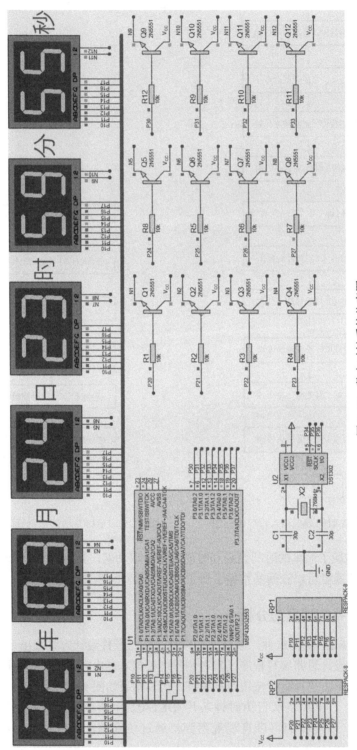

图 9-26　数字时钟系统仿真图

9.4　电子密码锁设计与仿真

在当今社会中，电子密码锁已是一个被大家熟识的物件。在社会生活中，我们到处可见电子密码锁的身影，如小区门禁上就用了电子密码锁。随着电子信息技术的发展和各种电子器件的价格不断降低，电子密码锁也往低成本、多功能的方向发展。本任务中将设计一款电子密码锁，它只实现一些基本功能，如密码输入、密码判断、密码修改、密码保存等，锁的打开和关闭用一个 LED 的亮灭来模拟。感兴趣的读者可以在本实例的基础上添加一些电路来丰富电子密码锁的功能。

9.4.1　电子密码锁硬件设计

在本设计中，将 MSP430G2553 单片机作为控制核心，显示部分采用 LCD1602 液晶显示模块，密码键盘采用 4×4 矩阵键盘，采用串行存储器 24C02 来实现密码的存储。下面我们使用 Proteus 8.10 仿真软件画出电子密码锁电路原理图，如图 9-27 所示。

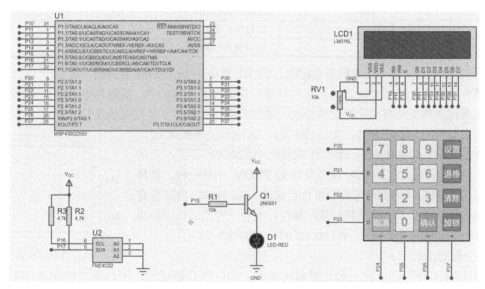

图 9-27　电子密码锁电路原理图

设计中使用的液晶显示模块 LCD1602 是一种字符型液晶显示器，是一种专门用于显示字母、数字、符号的点阵式液晶显示器。LCD1602 的显示容量为 16×2 个字符（可以显示 2 行，每行显示 16 个字符），芯片工作电压为 4.5～5.5V，工作电流为 2mA（5V）。LCD1602 具有 16 个引脚，见表 9-6，仿真电路中的 LCD1602 显示模块省略了最后两个液晶背光控制引脚，而在实际电路中，不可省略。在使用 LCD1602 时，我们主要是通过编写程序来控制 LCD1602 的 4、5、6引脚，以便实现对数据总线上的数据或者指令的写入和执行，从而实现 LCD1602 的显示功能。

作为一个字符型液晶显示器，LCD1602 内部自带一个字符发生存储器，此字符发生存储器就相当于一个字符集。LCD1602 的字符集中存有 160 个不同的字符，这些字符包括了英文大小写字母、阿拉伯数字、标点符号等一些经常用到的字符。字符集中的每一个字符都对应一个固定的 ASCII 码值，只要将想显示的字符的 ASCII 码值写入指定的位置，就能够实现把该字符显示到屏上指定位置的效果。

表 9-6　LCD1602 引脚说明

引脚号	引脚名	功　　能
1	VSS	电源地
2	VCC	电源（+5V）
3	VEE	对比度调节电压
4	RS	0：输入指令；1：输入数据
5	R/W（对应图 9-27 中 RW）	0：向 LCD 写指令或者数据；1：从 LCD 读取信息
6	E	使能信号，1：读取信息；1→0：执行命令
7	DB0（对应图 9-27 中 D0，下同）	数据总线（最低位）
8	DB1	数据总线
9	DB2	数据总线
10	DB3	数据总线
11	DB4	数据总线
12	DB5	数据总线
13	DB6	数据总线
14	DB7	数据总线（最高位）
15	A	LCD 背光电源正极
16	K	LCD 背光电源负极

密码存储选用非易失性存储器 24C02。24C02 是串行 EEPROM 存储器，是基于 I^2C 总线的存储器件，遵守二线制协议。由于它具有接口连接方便、体积小、数据掉电不丢失等特点，因此在仪器仪表和工业自动化控制中得到大量的应用。随着多家公司对该器件的开发，市场上推出了许多型号的 24C02 器件，如 AT24C02、IS24C02、BR24C02、M24C02 和 SLA24C02 等。本设计中采用 AT24C02 芯片，它是 Atmel 公司生产的 AT24CXX 系列串行 EEPROM 中的一种，是具有 I^2C 总线接口功能的电可擦除串行存储器。AT24C02 内部含有 256 个字节，通过 I^2C 总线接口进行操作，有一个专门的写保护功能（WP=1 时即为写保护）。AT24C02 的引脚如图 9-28 所示。

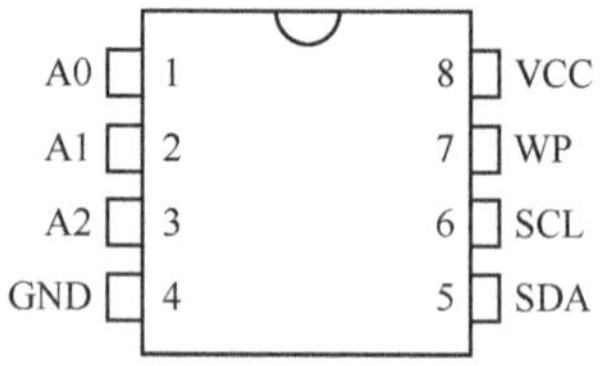

各引脚功能如下。

图 9-28　AT24C02 的引脚图

A0～A2：器件地址输入端。在本设计中，A0～A2 都接地，所以单片机在读 AT24C02 时，器件地址为：10100001B=0xA1；在写 AT24C02 时，器件地址为：10100000B=0xA0。

VCC：　1.8～6.0V 工作电压。

GND：地或电源负极。

SCL：串行时钟输入端。数据发送或者接收的时钟从此引脚输入。

SDA：串行数据地址线。用于传送地址和发送或者接收数据，是双向传送端口。

WP：写保护端。当 WP=1 时，只能读出，不能写入；当 WP=0 时，允许正常的读写操作。仿真时，WP 引脚被隐藏了（WP=0，允许单片机进行读写操作），实际连接时要注意对该引脚的控制。

键盘采用 4×4 矩阵键盘，外观设计成密码键盘样式，连接到控制器的 P2 口，使用扫描式控制方式即可。

9.4.2　电子密码锁软件设计

在本任务中，我们应用了矩阵键盘、LCD 液晶显示模块、EEPROM 存储器等，这些模块都需要大量的程序来控制，于是，我们把这些控制程序分离出来以形成单一的驱动程序文件。这样，我们的程序架构就会非常清晰，而且方便将这些模块的驱动程序移植到其他项目中。

由于代码量比较大，因此文中不直接给出参考代码，而是以流程图的形式给出控制逻辑。关于详细的参考代码，读者可根据本书内容提要当中的提示获取。

在本任务中，主要通过键盘实现对密码锁的操控，可实现两个功能：第一个功能是先通过键盘输入密码，再判断密码来控制锁的开启和闭合；第二个功能是通过键盘设置实现有效密码的修改和存储。系统上电后就进入第一个功能，即密码锁的开启和闭合。这时，液晶屏显示锁的状态，等待输入密码。可以使用 "0" ～ "9" 的数字键输入密码，使用 "退格" 键清除刚输入的一位密码，使用 "清除" 键清除所有输入的密码。可以使用 "确认" 键确认密码输入完成并判断密码对错，对则开锁，错则给出提示，并进入密码输入状态，等待输入密码。在处于开锁状态时，可以使用 "加锁" 键控制锁关闭。在第一功能时，可以随时按 "设置" 键进入第二功能：密码设置；在第二功能时，可以随时按 "取消" 键回到第一功能。主程序流程图如图 9-29 所示。

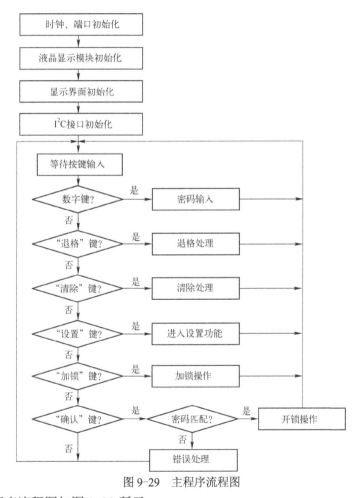

图 9-29　主程序流程图

密码设置程序流程图如图 9-30 所示。

液晶显示模块驱动程序参照模块数据手册编写并存放于 cry1602.c（见本书附赠资源）。本设计中的控制器 MSP430G2553 通过 I^2C 总线控制存储器 AT24C02，因此还需要编制 I^2C 通信程序。

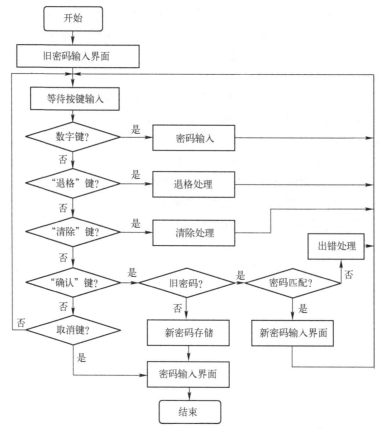

图 9-30　密码设置程序流程图

I²C 总线多用于主控制器和从器件间的主从通信，在小数据量场合使用，传输距离短，任意时刻只能有一个主机。I²C 总线只有两条线路，一条是串行数据线（SDA），另一条是串行时钟线（SCL）；（I²C 是半双工，而不是全双工）。每个连接到总线的器件都可以通过唯一的地址和其他器件通信，主机/从机角色和地址可配置，主机可以作为主机发送器和主机接收器。I²C 是真正的多主机总线，如果两个或更多的主机同时请求总线，那么可以通过冲突检测和仲裁防止总线数据被破坏。连接到总线的芯片数量只受到总线的最大负载电容 400pF 的限制。总线传输速率在标准模式下可以达到 100kbit/s，快速模式下可以达到 400kbit/s。一个典型的 I²C 总线连接如图 9-31 所示。

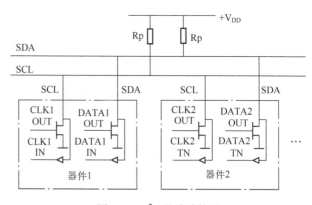

图 9-31　I²C 总线连接图

I²C 总线常用于单片机的外围扩展，总线上所有的外围器件都有规范的器件地址。器件地址由 7 位组成，它和 1 位读写位构成了 I²C 总线器件的寻址字节。寻址字节格式见表 9-7。

表 9-7　I²C 寻址字节格式

D7	D6	D5	D4	A2	A1	A0	R/$\overline{W}$

D7～D4 是 I²C 总线的器件地址，由厂家在器件出厂时设定，对于 AT24C 系列，其值固定为 1010。A2～A0 根据电路中 A2、A1、A0 引脚接电源或者接地而不同，接地则相应位为 0，接电源则相应位为 1。R/$\overline{W}$ 位为 I²C 总线的数据方向位，决定 I²C 总线的数据传送方向，高电平为接收，低电平为发送。

图 9-32 为 I²C 总线的数据传送时序。

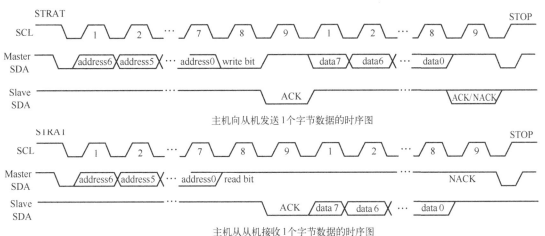

主机向从机发送 1 个字节数据的时序图

主机从从机接收 1 个字节数据的时序图

图 9-32　I²C 总线数据传送时序

起始信号：在时钟线 SCL 为高电平，数据线 SDA 出现由高向低的负跳变时，启动 I²C 总线。

停止信号：在时钟线 SCL 为高电平，数据线 SDA 出现由低向高的正跳变时，停止 I²C 总线。

应答信号位 ACK：在 I²C 总线进行数据传送时，每成功传送一个字节的数据，接收器件必然产生一个应答信号，即在第 9 个时钟周期时将 SDA 拉低，表示它已经成功接收一个 8 位数据。图 9-32 中的第 9 个时钟脉冲对应应答信号位。若应答信号位对应的数据线 SDA 上是低电平，则它为应答信号；若是高电平，则它为非应答信号。当它为非应答信号时，证明器件没有成功接收到一个 8 位数据。

数据传送位：图 9-32 中的第 1～8 个时钟脉冲为一个字节的 8 位数据传送位。当脉冲为高电平时，串行传送数据；当脉冲为低电平时，不传送数据，允许总线上数据线 SDA 的电平发生变化。在 I²C 数据传输过程中，只有 SCL 为低电平，才允许 SDA 变化，当 SCL 为高电平时，不允许 SDA 电平改变。当然，起始信号和停止信号是例外的。因此，当 SCL 为高电平时，SDA 的变化被看成起始信号或者停止信号。

9.4.3　电子密码锁仿真与分析

运行 Proteus 8.10 仿真软件，创建工程项目，依据硬件设计方案画出系统原理图，在源代码区，依据软件设计思路编写程序（根据本书内容提要当中的提示获取），对程序文件进行编译，单击仿真运行按钮运行系统，仿真结果如图 9-33 所示。

在系统运行时，锁为关闭状态，液晶显示屏提示输入开锁密码，初始密码为数字串

"987654"，正确输入密码，按"确认"键，锁即打开，用红色 LED 点亮表示，按"加锁"键即可关闭。按"设置"键进入密码修改界面，可以修改密码。通过仿真调试可以发现，本系统实现了既定功能。

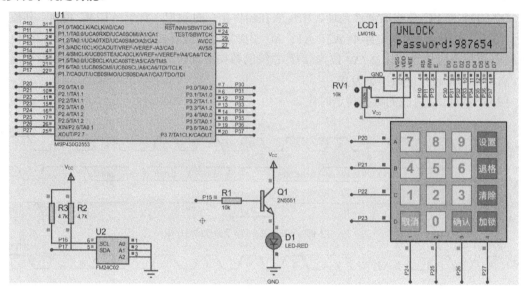

图 9-33　电子密码锁仿真图

思考与练习

1．简易电子琴设计与仿真

设计要求：（1）利用 I/O 端口输出音频脉冲控制扬声器；

　　　　　（2）设计 7 个数字按键；

　　　　　（3）利用 7 个数字键作为电子琴按键，按下即发出相应的音调。

2．步进电动机控制系统设计与仿真

设计要求：（1）利用 I/O 端口控制步进电动机；

　　　　　（2）设计按键控制电动机正转、反转、加速和减速；

　　　　　（3）利用 LCD1602 显示电动机状态。

3．电子屏显示系统设计与仿真

设计要求：（1）扩展四组 I/O 端口控制 16×16 点阵电子屏；

　　　　　（2）自动轮流显示 10 个汉字；

　　　　　（3）显示简单动态图。

4．作息时间语音播报系统设计与仿真

设计要求：（1）利用 I/O 端口输出音频脉冲控制扬声器；

　　　　　（2）制作并存储播报语音数据；

　　　　　（3）设计作息时间节点，到点自动播报。

5．河流水纹监测系统设计与仿真

设计要求：（1）监测河流的水位、水流、水温等数据；

　　　　　（2）本地用液晶显示相关数据。

附录　常用逻辑符号对照表

名称	国标符号	曾用符号	国外常用符号	名称	国标符号	曾用符号	国外常用符号
与门				基本 RS 触发器	S R	S Q R Q̄	S Q R Q̄
或门	≥1	+		同步 RS 触发器	1S C1 1R	S Q CP R Q̄	S Q CK R Q̄
非门	1						
与非门	&			正边沿 D 触发器	S 1D C1 R	D Q CP Q̄	D S_D Q CK R_D Q̄
或非门	≥1	+					
异或门	=1	⊕		负边沿 JK 触发器	S 1J C1 1K R	J Q CP K Q̄	J S_D Q CK K R_D Q̄
同或门	=	⊙					
集电极开路与非门	& ◇			全加器	Σ CI CO	FA	FA
三态门	1 ▽ EN			半加器	Σ CO	HA	HA
施密特与门	& ⎍	⎍	⎍	传输门	TG	TG	

213

参 考 文 献

[1] 任保宏，徐科军.MSP430 单片机原理与应用：MSP430F5xx/6xx 系列单片机入门、提高与开发[M]. 北京：电子工业出版社，2014.

[2] 张立珍.MSP430 单片机应用基础与实践[M]. 武汉：华中科技大学出版社，2020.

[3] 施保华，赵娟，田裕康，等. MSP430 单片机入门与提高：全国大学生电子设计竞赛实训教程[M]. 武汉：华中科技大学出版社，2013.

[4] 陈中，陈冲.基于 MSP430 单片机的控制系统设计[M]. 北京：清华大学出版社，2017.

[5] 西安电子科技大学 MSP430 单片机联合实验室，德州仪器半导体技术（上海）有限公司大学计划部.MSP430G2 系列单片机原理与实践教程[OL]. 2012.